AF464837

SUR LA

THÉORIE DES ÉQUATIONS MODULAIRES

ET LA

RÉSOLUTION DE L'ÉQUATION DU CINQUIÈME DEGRÉ.

Ⓒ

Paris. — Imprimerie de Mallet-Bachelier,
rue du Jardinet, 12.

SUR LA

THÉORIE DES ÉQUATIONS MODULAIRES

ET LA

RÉSOLUTION DE L'ÉQUATION DU CINQUIÈME DEGRÉ,

PAR M. HERMITE.

PARIS,

MALLET-BACHELIER, IMPRIMEUR-LIBRAIRE

DU BUREAU DES LONGITUDES, DE L'ÉCOLE IMPÉRIALE POLYTECHNIQUE,

Quai des Augustins, 55.

1859

VENERANDÆ MEMORIÆ
EXIMII VIRI AUGUSTINI CAUCHY.

HOC QUALECUMQUE MUNUS
LIBENTER ACCIPIAS,
ET EX BEATA ÆTERNÆ FELICITATIS SEDE
ANIMUM SANCTÆ AMICITIÆ PIE MEMOREM
BENIGNE ASPICERE DIGNERIS.

TABLE DES MATIÈRES.

SUR LA RÉSOLUTION

DE

L'ÉQUATION DU CINQUIÈME DEGRÉ.

On sait que l'équation générale du cinquième degré peut être ramenée, par une substitution dont les coefficients se déterminent sans employer d'autres irrationnalités que des radicaux carrés et cubiques, à la forme

$$x^5 - x - a = 0.$$

Ce résultat remarquable, dû au géomètre anglais M. Jerrard, est le pas le plus important qui ait été fait dans la théorie algébrique des équations du cinquième degré, depuis qu'Abel a démontré qu'il était impossible de les résoudre par radicaux. Cette impossibilité manifeste en effet la nécessité d'introduire quelque élément analytique nouveau dans la recherche de la solution, et à ce titre il semble naturel de prendre comme auxiliaire les racines de l'équation si simple dont nous venons de parler. Toutefois, pour légitimer véritablement son emploi comme élément essentiel de la résolution de l'équation générale, il restait à voir si cette simplicité de forme permettait effectivement d'arriver à quelque notion sur la nature de ses racines, de manière à saisir ce qu'il y a de propre et d'essentiel dans le mode d'existence de ces quantités, dont on ne sait jusqu'ici rien autre chose, si ce n'est qu'elles ne s'expriment point par radicaux. Or il est bien remarquable que l'équation de M. Jerrard se prête avec la plus grande facilité à cette recherche, et soit même, dans le sens que nous allons expliquer, susceptible d'une véritable résolution analytique. On peut en effet concevoir la question de la résolution des équations algébriques sous un point de vue différent de celui qui depuis longtemps a été indiqué par la résolution des équations des quatre premiers degrés, et auquel on s'est surtout attaché. Au lieu de chercher à représenter par une formule radicale à déterminations multiples le système des racines si étroitement liées entre elles lorsqu'on les considère comme fonctions des coefficients, on peut, ainsi que l'exemple en a été donné dans le troisième degré, chercher, en introduisant des variables auxiliaires, à obtenir les racines séparément exprimées par autant de fonctions distinctes et uniformes relatives à ces nouvelles variables. Dans le cas dont nous venons de parler, où il s'agit de l'équation

$$x^3 - 3x + 2a = 0,$$

il suffit, comme on sait, de représenter le coefficient a par le sinus d'un arc α pour que les racines se séparent en ces trois fonctions bien déterminées

$$2\sin\frac{\alpha}{3}, \quad 2\sin\frac{\alpha+2\pi}{3}, \quad 2\sin\frac{\alpha+4\pi}{3}.$$

Or c'est un fait tout semblable que nous avons à exposer relativement à l'équation

$$x^5 - x - a = 0.$$

Seulement, au lieu des sinus ou cosinus, ce sont les transcendantes elliptiques qu'il sera nécessaire d'introduire, et nous allons en premier lieu en rappeler les définitions.

Soient K et K′ les fonctions complètes de l'intégrale elliptique

$$\int \frac{d\varphi}{\sqrt{1-k^2\sin^2\varphi}},$$

c'est-à-dire

$$K = \int_0^1 \frac{d\varphi}{\sqrt{1-k^2\sin^2\varphi}}, \quad K' = \int_0^1 \frac{d\varphi}{\sqrt{1-k'^2\sin^2\varphi}},$$

et

$$q = e^{-\pi\frac{K'}{K}};$$

la racine quatrième du module et de son complément s'exprime au moyen de q par ces fonctions dont Jacobi a fait la découverte, savoir :

$$\sqrt[4]{k} = \sqrt{2}\,\sqrt[8]{q}\,\frac{1-q^4-q^8+q^{20}+\dots}{1+q-q^2-q^5-\dots} = \sqrt{2}\,\sqrt[8]{q}\,\frac{\sum(-1)^m q^{6m^2+2m}}{\sum(-1)^{\frac{1}{2}m(m+1)} q^{\frac{1}{2}(3m^2+m)}},$$

$$= \sqrt{2}\,\sqrt[8]{q}\,\frac{1+q^2+q^6+q^{12}+\dots}{1+q+q^3+q^6+\dots} = \sqrt{2}\,\sqrt[8]{q}\,\frac{\sum q^{4m^2+2m}}{\sum q^{2m^2+m}},$$

$$= \sqrt{2}\,\sqrt[8]{q}\,\frac{1-q-q^3+q^6+\dots}{1-2q^2+2q^8-2q^{18}+\dots} = \sqrt{2}\,\sqrt[8]{q}\,\frac{\sum(-1)^m q^{2m^2+m}}{\sum(-1)^m q^{2m^2}},$$

$$= \sqrt{2}\,\sqrt[8]{q}\,\frac{1+q+q^3+q^6+\dots}{1+2q+2q^4+2q^9+\dots} = \sqrt{2}\,\sqrt[8]{q}\,\frac{\sum q^{2m^2+m}}{\sum q^{m^2}},$$

et

$$\sqrt[4]{k'} = \frac{1-q-q^2+q^5+q^7-q^{12}-\dots}{1+q-q^2-q^5-q^7-q^{12}+\dots} = \frac{\sum(-1)^m q^{\frac{1}{2}(3m^2+m)}}{\sum(-1)^{\frac{1}{2}m(m+1)} q^{\frac{1}{2}(3m^2+m)}},$$

$$= \frac{1-q-q^3+q^6+q^{10}+\dots}{1+q+q^3+q^6+q^{10}+\dots} = \frac{\sum(-1)^m q^{2m^2+m}}{\sum q^{2m^2+m}},$$

$$= \frac{1-2q+2q^4-2q^9+2q^{25}-\dots}{1-2q^2+2q^8-2q^{18}+2q^{32}-\dots} = \frac{\sum(-1)^m q^{m^2}}{\sum(-1)^m q^{2m^2}},$$

$$= \frac{1-2q^2+2q^8-2q^{18}+2q^{32}-\dots}{1+2q+2q^4+2q^9+2q^{16}+\dots} = \frac{\sum(-1)^m q^{2m^2}}{\sum q^{m^2}}.$$

En posant

$$q = e^{i\pi\omega},$$

nous désignerons $\sqrt[4]{k}$ par $\varphi(\omega)$ et $\sqrt[4]{k'}$ par $\psi(\omega)$. Relativement à cette variable ω, on aura ainsi des fonctions affranchies de l'ambiguïté qui tient au facteur $\sqrt[8]{q}$, et dont je vais en peu de mots indiquer les propriétés fondamentales. Elles découlent des relations suivantes, dont la démonstration est immédiate, savoir :

$$\varphi^8(\omega) + \psi^8(\omega) = 1,$$

$$\varphi\left(-\frac{1}{\omega}\right) = \psi(\omega),$$

$$\varphi(\omega+1) = e^{\frac{i\pi}{8}} \frac{\varphi(\omega)}{\psi(\omega)},$$

$$\psi(\omega+1) = \frac{1}{\psi(\omega)}.$$

On en déduit que $\varphi\left(\frac{c+d\omega}{a+b\omega}\right)$ et $\psi\left(\frac{c+d\omega}{a+b\omega}\right)$ s'expriment simplement en $\varphi(\omega)$ et $\psi(\omega)$, a, b, c, d étant des nombres entiers quelconques assujettis à la seule condition

$$ad - bc = 1.$$

Les relations auxquelles on parvient de la sorte ayant une grande importance, non-seulement pour l'objet que nous avons présentement en vue, mais pour la théorie des fonctions elliptiques et ses applications à l'arithmétique, je vais les indiquer en me bornant, pour abréger, aux valeurs de $\varphi\left(\frac{c+d\omega}{a+b\omega}\right)$. J'observe à cet effet que la congruence

$$ad - bc \equiv 1 \quad \text{mod. } 2,$$

est susceptible de six solutions distinctes renfermées dans ce tableau :

	a	b	c	d
I.	1	0	0	1
II.	0	1	1	0
III.	1	1	0	1
IV.	1	1	1	0
V.	1	0	1	1
VI.	0	1	1	1

et d'où résultent autant de formes différentes pour les expressions $\frac{c+d\omega}{a+b\omega}$. Cela posé, nous aurons suivant chacun de ces six cas ces équations :

$$\text{(I)} \qquad \varphi\left(\frac{c+d\omega}{a+b\omega}\right) = \varphi(\omega)\, e^{\frac{i\pi}{8}[d(c+d)-1]} = \varphi(\omega)\, e^{\frac{i\pi}{8}cd}\left(\frac{2}{d}\right)$$

$$\text{(II)} \qquad \varphi\left(\frac{c+d\omega}{a+b\omega}\right) = \psi(\omega)\, e^{\frac{i\pi}{8}[c(c-d)-1]} = \psi(\omega)\, e^{-\frac{i\pi}{8}cd}\left(\frac{2}{c}\right)$$

$$\text{(III)} \qquad \varphi\left(\frac{c+d\omega}{a+b\omega}\right) = \frac{1}{\varphi(\omega)}\, e^{\frac{i\pi}{8}[d(d-c)-1]} = \frac{1}{\varphi(\omega)}\, e^{-\frac{i\pi}{8}cd}\left(\frac{2}{d}\right)$$

$$\text{(IV)} \qquad \varphi\left(\frac{c+d\omega}{a+b\omega}\right) = \frac{1}{\psi(\omega)}\, e^{\frac{i\pi}{8}[c(d-c)+1]} = \frac{1}{\psi(\omega)}\, e^{\frac{i\pi}{8}cd}\left(\frac{2}{c}\right)$$

$$\text{(V)} \qquad \varphi\left(\frac{c+d\omega}{a+b\omega}\right) = \frac{\varphi(\omega)}{\psi(\omega)}\, e^{\frac{i\pi}{8}cd}$$

$$\text{(VI)} \qquad \varphi\left(\frac{c+d\omega}{a+b\omega}\right) = \frac{\psi(\omega)}{\varphi(\omega)}\, e^{-\frac{i\pi}{8}cd}.$$

Nous rappellerons encore cette propriété fondamentale qu'en désignant par n un nombre premier et posant

$$v = \varphi(n\omega), \quad u = \varphi(\omega),$$

v et u sont liés par une équation de degré $n + 1$, qui présente ainsi un type nouveau d'équations algébriques dont les racines se séparent analytiquement par l'introduction d'une nouvelle variable. En désignant, en effet, par ε un nombre qui soit 1 ou -1, suivant que 2 est résidu ou non résidu quadratique par rapport à n, les $n + 1$ racines u seront

$$\varepsilon\varphi(n\omega) \quad \text{et} \quad \varphi\left(\frac{\omega + 16m}{n}\right),$$

m étant un nombre entier pris suivant le module n (*). Mais sans insister ici sur les autres propriétés remarquables des équations modulaires, je m'attacherai seulement au fait si important annoncé par Galois, et qui consiste en ce qu'elles sont susceptibles d'un abaissement au degré inférieur d'une unité dans les cas de

$$n = 5, \quad n = 7 \quad \text{et} \quad n = 11.$$

Bien que nous ne possédions que quelques fragments de ses travaux sur cette question, il n'est pas difficile, en suivant la voie qu'il a ouverte, de retrouver la démonstration de cette belle proposition; mais on n'arrive ainsi qu'à s'assurer de la possibilité de la réduction, et une lacune importante restait à remplir pour pousser la question jusqu'à son dernier terme (**). Après des tentatives qui remontent à une époque déjà éloignée, j'ai trouvé que dans le cas de l'équation modulaire du sixième degré

$$u^6 - v^6 + 5u^2v^2(u^2 - v^2) + 4uv(1 - u^4v^4) = 0,$$

on y parvenait aisément en considérant la fonction suivante

$$\Phi(\omega) = \left[\varphi(5\omega) + \varphi\left(\frac{\omega}{5}\right)\right]\left[\varphi\left(\frac{\omega+16}{5}\right) - \varphi\left(\frac{\omega+4.16}{5}\right)\right]\left[\varphi\left(\frac{\omega+2.16}{5}\right) - \varphi\left(\frac{\omega+3.16}{5}\right)\right].$$

(*) La détermination de ε a été donnée par M. Sohnke dans un excellent travail publié dans le tome XVI du *Journal* de M. Crelle sous le titre : *Æquationes modulares pro transformatione fonctionum ellipticarum*.

(**) Postérieurement à mes premières recherches restées inédites, mais dont les résultats avaient été annoncés (*OEuvres* de Jacobi, t. II, p. 249), un géomètre italien distingué, M. Betti, a publié un travail sur le même sujet dans les *Annales* de M. Tortolini.

Effectivement les quantités

$$\Phi(\omega),\quad \Phi(\omega+16),\quad \Phi(\omega+2.16),\quad \Phi(\omega+3.16),\quad \Phi(\omega+4.16)$$

sont les racines d'une équation du cinquième degré dont les coefficients contiennent rationnellement $\varphi(\omega)$, savoir :

$$\Phi^5 - 2^4.5^3\,\Phi\varphi^4(\omega)\psi^{16}(\omega) - 2^6\sqrt{5^5}\,\varphi^3(\omega)\psi^{16}(\omega)\left[1+\varphi^8(\omega)\right] = 0.$$

Or on voit qu'on ramène cette équation à celle de M. Jerrard en faisant simplement

$$\Phi = \sqrt[4]{2^4 5^3}\,\varphi(\omega)\psi^4(\omega)x,$$

car il vient par là.

$$x^5 - x - \frac{2}{\sqrt[4]{5^5}}\frac{1+\varphi^8(\omega)}{\varphi^2(\omega)\psi^4(\omega)} = 0.$$

Donc il ne restera plus, pour arriver à l'expression des racines de l'équation

$$x^5 - x - a = 0$$

par la fonction $\Phi(\omega)$, qu'à déterminer ω ou plutôt $\varphi(\omega)$ par la condition suivante :

$$\frac{\sqrt[4]{5^5}}{2}\frac{1+\varphi^8(\omega)}{\varphi^2(\omega)\psi^4(\omega)} = a.$$

Soit, pour simplifier,

$$A = \frac{\sqrt[4]{5^5}}{2}\cdot a,$$

et prenons pour inconnue $\varphi^4(\omega)$ ou le module k lui-même de l'intégrale elliptique, on parviendra à une équation du quatrième degré

$$k^4 + A^2k^3 + 2k^2 - A^2k + 1 = 0,$$

qui est susceptible d'une solution analytique sous le point de vue précisément où nous sommes placés en ce moment, car en faisant

$$\frac{1}{4A^2} = \sin\alpha,$$

on trouvera ces expressions des racines

$$k = \operatorname{tang}\frac{\alpha}{4},\quad \operatorname{tang}\frac{\alpha+2\pi}{4},\quad \operatorname{tang}\frac{\pi-\alpha}{4},\quad \operatorname{tang}\frac{3\pi-\alpha}{4}.$$

Faisant choix de l'une d'elles pour module, afin d'en déduire la valeur correspondante de ω, on aura, pour les racines de l'équation de M. Jerrard, ces valeurs

$$\begin{aligned} x &= \frac{1}{\sqrt[4]{2^4 5^3}} \frac{\Phi(\omega)}{\varphi(\omega)\psi^4(\omega)}, \\ &= \frac{1}{\sqrt[4]{2^4 5^3}} \frac{\Phi(\omega+16)}{\varphi(\omega)\psi^4(\omega)} \\ &= \frac{1}{\sqrt[4]{2^4 5^3}} \frac{\Phi(\omega+2.16)}{\varphi(\omega)\psi^4(\omega)} \\ &= \frac{1}{\sqrt[4]{2^4 5^3}} \frac{\Phi(\omega+3.16)}{\varphi(\omega)\psi^4(\omega)} \\ &= \frac{1}{\sqrt[4]{2^4 5^3}} \frac{\Phi(\omega+4.16)}{\varphi(\omega)\psi^4(\omega)}. \end{aligned}$$

C'est donc la résolution de l'équation, en tant que les racines se trouvent représentées séparément par des fonctions uniformes. Quant au calcul numérique, la convergence extraordinaire des séries qui figurent au numérateur et au dénominateur de $\varphi(\omega)$, le rendra très-court, même dans le cas où q sera imaginaire, car on sait que son module peut toujours être abaissé au-dessous de la limite $e^{-\pi\sqrt{\frac{3}{4}}} = 0{,}0658$. On peut aussi faire le développement suivant les puissances ascendantes de q, ce qui donne, en posant, pour simplifier, $q^{\frac{1}{5}} = \mathfrak{q}$,

$$\Phi(\omega) = \sqrt{2^3 5}\,\sqrt[8]{\mathfrak{q}^3}\,(1 + \mathfrak{q} - \mathfrak{q}^2 + \mathfrak{q}^3 - 8\mathfrak{q}^5 - 9\mathfrak{q}^6 + 8\mathfrak{q}^7 - 9\mathfrak{q}^8 + \ldots),$$

et l'on trouverait, pour le carré et le cube de $\Phi(\omega)$,

$$\Phi^2(\omega) = 2^3 5\,\sqrt[4]{\mathfrak{q}^3}\,(1 + 2\mathfrak{q} - \mathfrak{q}^2 + 3\mathfrak{q}^4 - 18\mathfrak{q}^5 - 33\mathfrak{q}^6 + 14\mathfrak{q}^7 + \ldots),$$

$$\Phi^3(\omega) = \sqrt{2^9 5^3}\,\sqrt[8]{\mathfrak{q}^9}\,(1 + 3\mathfrak{q} - 2\mathfrak{q}^3 + 6\mathfrak{q}^4 - 24\mathfrak{q}^5 - 79\mathfrak{q}^6 + \ldots).$$

La première des séries entre parenthèses manque des puissances de $\mathfrak{q}$ dont l'exposant est $\equiv 4$, mod. 5, la seconde et la troisième des puissances dont les exposants sont respectivement $\equiv 3$ et $\equiv 2$, mod. 5. D'ailleurs le changement de ω en $\omega + 16m$ reviendra à multiplier la quantité $\mathfrak{q}$ par les diverses racines cinquièmes de l'unité.

J'observerai enfin que le système des cinq fonctions $\Phi(\omega + 16m)$ possède par rapport aux substitutions $\frac{c + d\omega}{a + b\omega}$ qui appartiennent à la première classe, des propriétés toutes semblables à celles de $\varphi(\omega)$. Effectivement, en faisant, pour abréger,

$$\Phi(\omega + 16m) = \Phi_m(\omega),$$

on trouvera, par exemple,

$$\Phi_m(\omega + 2a) = \Phi_{m+2a}(\omega)\, e^{-\frac{i\pi}{4}a},$$

$$\Phi_m\left(\frac{\omega}{1 + 2a\omega}\right) = \Phi_{4a^3+m+2am^2+3a^2m^3}(\omega);$$

l'indice du troisième degré en m étant pris suivant le module 5. Mais pour les substitutions qui appartiennent à une autre classe que la première, on a des relations différentes et telles que celle-ci, par exemple,

$$\Phi_m\left(\frac{\omega}{1 + \omega}\right) = \frac{1}{\varphi^6(\omega)}\Phi_{8+7m+m^2+2m}(\omega),$$

où la substitution appartient à la classe III. C'est à l'aide de cette dernière relation qu'on démontre que l'équation du cinquième degré en $\Phi(\omega)$ manque des termes en Φ^4, Φ^3 et Φ^2, ainsi que je le ferai voir en détail dans une autre occasion.

SUR LA RÉSOLUTION

DE

L'ÉQUATION DU QUATRIÈME DEGRÉ.

La théorie des formes cubiques à trois indéterminées conduit à plusieurs équations remarquables du quatrième degré qui jouent en particulier un rôle important dans la détermination des points d'inflexion des courbes du troisième ordre. L'étude de ces équations m'ayant fait remarquer qu'elles offrent la plus étroite affinité avec celles qu'on rencontre dans la transformation du troisième ordre des fonctions elliptiques, il ne m'a pas paru inutile de m'arrêter à ce rapprochement qui peut-être conduira à comparer de même les équations du neuvième degré dont dépendent les coordonnées des points d'inflexion, avec celle qui se présente pour exprimer, par exemple, $\sin \operatorname{am} \frac{x}{3}$ par $\sin \operatorname{am} x$. Cette analogie, d'ailleurs, m'a ouvert la voie pour représenter par les transcendantes elliptiques les racines de l'équation générale du quatrième degré, ce qui était le résultat auquel je désirais principalement parvenir. Avant d'exposer cette recherche qui se lie naturellement à celles qui concernent l'équation du cinquième degré, je rappellerai l'origine et j'indiquerai les propriétés principales de ces équations spéciales du quatrième degré, auxquelles conduit la théorie des formes cubiques à trois indéterminées.

Soient, en employant les mêmes désignations que M. Cayley (*), U une forme cubique quelconque, HU, PU, QU, le covariant et les deux formes adjointes du troisième degré par rapport aux indéterminées, S et T les deux

(*) Je renverrai, pour les expressions de HU, PU, etc., au beau travail du savant géomètre, publié dans les *Transactions de la Société Royale*, sous le titre : *Third memoir upon Quantics*,

invariants de M. Aronhold, et S_1 une quantité définie par la condition

$$S^3 + S_1^3 = T^2;$$

ces équations seront :

$$(1) \qquad f(x) = x^4 - 6S\,x^2 - 8Tx - 3S^2 = 0,$$

$$(2) \qquad f_1(x) = x^4 - 6S_1x^2 - 8Tx - 3S_1^2 = 0,$$

$$(3) \qquad F(x) = 12Sx^4 + 8Tx^3 - 6S^2x^2 - 6STx - T^2 - \frac{1}{4}S^3 = 0,$$

et voici leurs propriétés essentielles. Soient δ une racine de la première et Δ une racine de la troisième, les deux fonctions

$$\delta U + 6HU, \quad 6\Delta PU + QU$$

seront décomposables en facteurs linéaires. Désignons encore par δ_1 une racine de l'équation (2) qui a été déduite de l'équation (1) en permutant S et S_1, on aura

$$\delta_1 = \frac{3}{d^2},$$

en nommant d, le déterminant de la substitution propre à réduire U à la forme canonique

$$x^3 + y^3 + z^3 + 6lxyz.$$

Ces quantités δ, δ_1, Δ auront d'ailleurs les relations suivantes :

$$\Delta = \frac{1}{4}\left(\delta + \frac{S}{\delta}\right),$$

$$\Delta = -\frac{3}{2}\left(T + \frac{S_1^2}{\delta_1}\right),$$

$$\delta_1 = \frac{4S_1^2}{f'(\delta)},$$

$$\delta = \frac{4S^2}{f_1'(\delta_1)}.$$

---

et je me bornerai à donner ici leurs formes canoniques qui sont :

$$U = x^3 + y^3 + z^3 + 6lxyz,$$

$$HU = l^2(x^3 + y^3 + z^3) - (1 + 2l^3)xyz,$$

$$PU = -l(x^3 + y^3 + z^3) - (1 - 4l^3)xyz,$$

$$QU = (1 - 10l^3)(x^3 + y^3 + z^3) - 6l^2(5 + 4l^3)xyz,$$

$$S = -4l + 4l^4,$$

$$T = 1 - 20l^3 - 8l^6,$$

$$S_1 = 1 + 8l^3.$$

Ceci posé, je comparerai d'abord à l'équation modulaire

$$v^4 + 2u^3v^3 - 2uv - u^4 = 0$$

les équations (1) et (2). On sait qu'en faisant $u = \varphi(\omega)$, on a pour v les quatre valeurs

$$v = -\varphi(3\omega), \quad \varphi\left(\frac{\omega}{3}\right), \quad \varphi\left(\frac{\omega + 16}{3}\right), \quad \varphi\left(\frac{\omega + 2.16}{3}\right);$$

or, en posant

$$k^2 = \frac{2\sqrt{S^3}}{T + \sqrt{S^3}}$$

et

$$K = \int_0^1 \frac{d\varphi}{\sqrt{1 - k^2 \sin^2\varphi}}, \quad K' = \int_0^1 \frac{d\varphi}{\sqrt{1 - k'^2 \sin^2\varphi}}, \quad \omega = \frac{iK'}{K},$$

on obtiendra pour les quatre racines δ les expressions suivantes :

$$(4) \quad \left\{ \begin{array}{ll} \sqrt{S}\left(1 - 2\dfrac{\varphi(3\omega)}{\varphi^3(\omega)}\right), & \sqrt{S}\left(1 + 2\dfrac{\varphi\left(\dfrac{\omega+16}{3}\right)}{\varphi^3(\omega)}\right), \\ \sqrt{S}\left(1 + 2\dfrac{\varphi\left(\dfrac{\omega}{3}\right)}{\varphi^3(\omega)}\right), & \sqrt{S}\left(1 + 2\dfrac{\varphi\left(\dfrac{\omega+2.16}{3}\right)}{\varphi^3(\omega)}\right). \end{array} \right.$$

Maintenant si l'on change S en S_1, afin d'arriver aux formules analogues pour les racines δ_1 de l'équation (2), on sera conduit au module

$$l^2 = \frac{2\sqrt{S_1^3}}{T + \sqrt{S_1^3}};$$

or à la relation $S^3 + S_1^3 = T^2$ correspondra, entre k et l, celle-ci :

$$l = \frac{2\sqrt{k'}}{1 + k'};$$

d'où résulte immédiatement cette conséquence, que l'on passe de δ à δ_1, en changeant simplement ω en $-\frac{1}{2\omega}$.

Mais il est une autre équation du quatrième degré que présente également la transformation du troisième ordre des fonctions elliptiques, et à laquelle se ramènent d'une manière plus immédiate encore les équations (1) et (2). Je veux parler de la relation entre le multiplicateur M et le module k, qui est, en faisant $\frac{1}{M} = z$ (*) :

$$z^4 - 6z^2 - 8(1 - 2k^2) - 3 = 0.$$

En comparant cette équation avec l'équation (1), introduisant le module

$$k^2 = \frac{T + \sqrt{S^3}}{2\sqrt{S^3}},$$

et faisant usage de l'expression de M donnée par Jacobi dans les *Funda-*

(*) Jacobi a appelé le premier l'attention sur ces équations qui offrent un grand intérêt, en particulier pour cette théorie de la multiplication complexe, sur laquelle M. Kronecker a récemment communiqué à l'Académie de Berlin des résultats aussi beaux qu'importants. Mais jusqu'ici on ne connaissait que l'équation donnée par Jacobi, et qui se rapporte à la transformation du cinquième ordre. Celle que j'ai employée a été calculée par le P. Joubert qui, suivant l'exemple donné par M. Sohnke pour les équations modulaires, s'est occupé avec succès de leur formation, et les a obtenues pour le cinquième, le septième et le onzième ordre, sous les formes suivantes :

$$(M - 1)^5\left(M - \frac{1}{5}\right) + \frac{2^8}{5}k^2 k'^2 M^5 = 0,$$

$$k'^2(M + 1)^7\left(M - \frac{1}{7}\right) + k^2(M - 1)^7\left(M + \frac{1}{7}\right) + 3.2^8 k^2 k'^2 M^6 + \frac{2^{11}}{7}k^2 k'^2(k^2 - k'^2)M^7 = 0,$$

$$\begin{aligned} k'^2(M + 1)^{11}\left(M - \frac{1}{11}\right) + k^2(M - 1)^{11}\left(M + \frac{1}{11}\right) + \frac{2^{12}}{11}k^2 k'^2(k^2 - k'^2)(15 - 2^{17}k^2 k'^2)M^{11} \\ + 3.2^8 k^2 k'^2(111 + 2^9 k^2 k'^2)M^{10} + 83.2^{11}.k^2 k'^2(k^2 - k'^2)M^9 + 21.2^9 k^2 k'^2 M^8 \\ + 2^{12}k^2 k'^2(k^2 - k'^2)M^7 + 33.2^6 k^2 k'^2 M^6 = 0. \end{aligned}$$

Un autre résultat très-intéressant, obtenu aussi par le P. Joubert, consiste en ce que, si l'on nomme M, M′, M″, etc., les racines de l'équation pour le cinquième ordre, la fonction suivante des racines analogue à celle qui m'a donné la résolution de l'équation de M. Jerrard, savoir :

$$x = 5(M - M')(M'' - M''')(M^{\text{iv}} - M^{\text{v}})$$

satisfait à cette équation :

$$x(x^2 + 5^2.2^8 k^2 k'^2)^2 = 5^2.2^{22}.k^4 k'^4(1 - 4k^2 k'^2)\sqrt{5}.$$

A la vérité on n'obtient pas immédiatement ainsi la forme simple de M. Jerrard, mais j'ai remarqué qu'on y parvenait en employant la substitution

$$y = \frac{1}{x^2 + 5^2.2^8 k^2 k'^2},$$

comme on peut le vérifier aisément.

menta, on obtient pour les quatre racines δ_1 les valeurs suivantes :

$$(5)\quad \left\{\begin{array}{ll} \sqrt{S}\,\dfrac{\sin^2\operatorname{am}\frac{4}{3}K}{\sin^2\operatorname{coam}\frac{4}{3}K}, & \sqrt{S}\,\dfrac{\sin^2\operatorname{am}\frac{4}{3}(K+iK')}{\sin^2\operatorname{coam}\frac{4}{3}(K+iK')}, \\[2ex] \sqrt{S}\,\dfrac{\sin^2\operatorname{am}\frac{4}{3}iK'}{\sin^2\operatorname{coam}\frac{4}{3}iK'}, & \sqrt{S}\,\dfrac{\sin^2\operatorname{am}\frac{4}{3}(K-iK')}{\sin^2\operatorname{coam}\frac{4}{3}(K-iK')} \end{array}\right.$$

A ces formules je joindrai celles qui représentent les racines Δ de l'équation (3), et où les fonctions elliptiques ont encore le même module, savoir :

$$(6)\quad \left\{\begin{array}{ll} \frac{1}{2}\sqrt{S}\,\dfrac{1+\cos^2\operatorname{am}\frac{4}{3}K}{\sin^2\operatorname{am}\frac{4}{3}K}, & \frac{1}{2}\sqrt{S}\,\dfrac{1+\cos^2\operatorname{am}\frac{4}{3}(K+iK')}{\sin^2\operatorname{am}\frac{4}{3}(K+iK')}, \\[2ex] \frac{1}{2}\sqrt{S}\,\dfrac{1+\cos^2\operatorname{am}\frac{4}{3}iK'}{\sin^2\operatorname{am}\frac{4}{3}iK'}, & \frac{1}{2}\sqrt{S}\,\dfrac{1+\cos^2\operatorname{am}\frac{4}{3}(K-iK')}{\sin^2\operatorname{am}\frac{4}{3}(K-iK')}. \end{array}\right.$$

Voici donc, au point de vue où je me suis placé dans mes recherches sur l'équation du cinquième degré, la résolution de ces équations spéciales du quatrième degré qui s'offrent dans la théorie des formes cubiques à trois variables. Ces résultats, ainsi que je l'ai dit plus haut, ouvrent la voie pour traiter d'une manière analogue l'équation générale, et parvenir à exprimer séparément les racines par des fonctions bien déterminées. Mais avant d'entrer dans cette recherche, qui exige des principes dont je parlerai dans un autre article, je ferai encore une remarque essentielle sur les formules précédentes. Elles dépendent du radical $\sqrt{S}$, et il importe de bien saisir de quelle manière elles subsistent dans leur ensemble, lorsque l'on change le signe de ce radical. Considérons en particulier les formules (5), on reconnaît d'abord qu'en mettant $-\sqrt{S}$ au lieu de $\sqrt{S}$, le module se change dans son complément. Or on sait par la théorie de la transformation que le multiplicateur M, lorsque l'on y remplace k par k', se change en $-$M. Nos formules restent donc les mêmes, parce que les deux facteurs qui y entrent deviennent simultanément de signes opposés. Chacune des racines cependant ne reste pas la même lorsque l'on change ainsi le module dans son complément, ou ω en $-\frac{1}{\omega}$, et le tableau suivant, montrant de quelle manière elles s'échangent alors les unes dans les autres, fera bien complétement saisir toutes les conséquences de l'ambiguïté inhérente au radical que nous avons employé.

$$\omega \left\{ \begin{array}{l} \sqrt{S}\dfrac{\sin^2 \mathrm{am}\,\frac{4}{3}K}{\sin^2 \mathrm{coam}\,\frac{4}{3}K}, \\[2ex] \sqrt{S}\dfrac{\sin^2 \mathrm{am}\,\frac{4}{3}iK'}{\sin^2 \mathrm{coam}\,\frac{4}{3}iK'}, \\[2ex] \sqrt{S}\dfrac{\sin^2 \mathrm{am}\,\frac{4}{3}(K+iK')}{\sin^2 \mathrm{coam}\,\frac{4}{3}(K+iK')}, \\[2ex] \sqrt{S}\dfrac{\sin^2 \mathrm{am}\,\frac{4}{3}(K-iK')}{\sin^2 \mathrm{coam}\,\frac{4}{3}(K-iK')}. \end{array} \right. \qquad -\frac{1}{\omega} \left\{ \begin{array}{l} \sqrt{S}\dfrac{\sin^2 \mathrm{am}\,\frac{4}{3}iK'}{\sin^2 \mathrm{coam}\,\frac{4}{3}iK'}, \\[2ex] \sqrt{S}\dfrac{\sin^2 \mathrm{am}\,\frac{4}{3}K}{\sin^2 \mathrm{coam}\,\frac{4}{3}K}, \\[2ex] \sqrt{S}\dfrac{\sin^2 \mathrm{am}\,\frac{4}{3}(K-iK')}{\sin^2 \mathrm{coam}\,\frac{4}{3}(K-iK')}, \\[2ex] \sqrt{S}\dfrac{\sin^2 \mathrm{am}\,\frac{4}{3}(K+iK')}{\sin^2 \mathrm{coam}\,\frac{4}{3}(K+iK')}. \end{array} \right.$$

Les formules relatives aux racines Δ donnent lieu à des résultats entièrement semblables, et quant aux formules (4), je me bornerai à remarquer que les deux modules

$$\frac{2\sqrt{S^3}}{T+\sqrt{S^3}} \quad \text{et} \quad \frac{T+\sqrt{S^3}}{2\sqrt{S^3}}$$

étant réciproques, elles sont identiques au fond avec les formules (5) et peuvent s'y ramener par la substitution de $\frac{\omega}{1+\omega}$ à ω. Je ne m'arrêterai pas non plus aux relations qui existent entre les racines de chacune des équations $f(x)=0$, $f_1(x)=0$, $F(x)=0$, et auxquelles conduisent aisément les expressions que nous avons données. Seulement j'observerai que ces équations, comme celles de la théorie des fonctions elliptiques que j'ai employées, n'appartiennent pas au type d'irrationnalités le plus complexe de l'équation générale du quatrième degré. Effectivement, si l'on considère à leur égard l'équation en V de Galois, dont le degré distingue et caractérise d'une manière si précise ce qu'on peut appeler les *divers ordres d'irrationnalités*, on la trouve seulement du douzième degré, tandis que dans le cas général elle est nécessairement du vingt-quatrième. Il existe donc pour ces équations des fonctions non symétriques, exprimables rationnellement par les coefficients, et le type de ces fonctions est donné très-simplement par le produit des six différences des racines. De là découlent, pour la théorie des fonctions elliptiques, d'importantes conséquences, se résumant dans ce fait, que *le produit des deux fonctions* $\varphi(\omega)$ *et* $\psi(\omega)$ *est le cube d'une nouvelle fonction également bien déterminée*. Une formule depuis longtemps obtenue par Jacobi (*Fundamenta*, § 36, *équat.* 4) donnait déjà, il est vrai, la notion de cette nouvelle transcendante, mais sans conduire à aucune de ses propriétés, que je vais indiquer succinctement en terminant cette Note. Et d'abord je la définirai par l'équation

$$\chi(\omega) = \sqrt[6]{2}\,.\,q^{\frac{1}{24}}(1-q)(1+q^2)(1-q^3)(1+q^4)\ldots,$$

en faisant toujours $q = e^{i\pi\omega}$, de sorte que, relativement à ω, on obtienne une expression entièrement déterminée. Cela posé, on aura ces relations qui se démontrent immédiatement, savoir :

$$\chi^3(\omega) = \varphi(\omega)\,\psi(\omega),$$

$$\chi(\omega+1) = e^{\frac{i\pi}{24}}\frac{\chi(\omega)}{\psi(\omega)}, \qquad \chi\left(-\frac{1}{\omega}\right) = \chi(\omega).$$

Voici maintenant celles qui se rapportent aux substitutions de la forme $\frac{c+d\omega}{a+b\omega}$, a, b, c, d étant des nombres entiers assujettis à la condition $ad - bc = 1$, et qu'il importait surtout d'obtenir. Distinguant, ainsi que je l'ai déjà fait dans une circonstance toute semblable, ces substitutions en six classes (*voyez* page 4), et posant, pour abréger,

$$\rho = e^{\frac{2i\pi}{3}(ab+ac+bd-ab^2c)},$$

on aura

$$\text{(I)} \qquad \chi\left(\frac{c+d\omega}{a+b\omega}\right) = \rho\,\chi(\omega)\left(\frac{2}{ad}\right)e^{-\frac{3i\pi}{8}(ab-cd)}$$

$$\text{(II)} \qquad \chi\left(\frac{c+d\omega}{a+b\omega}\right) = \rho\,\chi(\omega)\left(\frac{2}{bc}\right)e^{\frac{3i\pi}{8}(ab-cd)}$$

$$\text{(III)} \qquad \chi\left(\frac{c+d\omega}{a+b\omega}\right) = -\rho\,\frac{\chi(\omega)}{\varphi(\omega)}\left(\frac{2}{d}\right)e^{-\frac{3i\pi}{8}(ab+cd)}$$

$$\text{(IV)} \qquad \chi\left(\frac{c+d\omega}{a+b\omega}\right) = -\rho\,\frac{\chi(\omega)}{\psi(\omega)}\left(\frac{2}{c}\right)e^{\frac{3i\pi}{8}(ab+cd)}$$

$$\text{(V)} \qquad \chi\left(\frac{c+d\omega}{a+b\omega}\right) = \rho\,\frac{\chi(\omega)}{\psi(\omega)}\left(\frac{2}{a}\right)e^{\frac{3i\pi}{8}(ab+cd)}$$

$$\text{(VI)} \qquad \chi\left(\frac{c+d\omega}{a+b\omega}\right) = \rho\,\frac{\chi(\omega)}{\varphi(\omega)}\left(\frac{2}{b}\right)e^{-\frac{3i\pi}{8}(ab+cd)}$$

Les symboles $\left(\frac{2}{a}\right)$, $\left(\frac{2}{b}\right)$, etc., indiquent, suivant l'usage, le caractère quadratique du dénominateur par rapport au nombre 2.

J'espère pouvoir présenter dans une autre occasion les conséquences de ces théorèmes pour l'arithmétique.

SUR QUELQUES THÉORÈMES D'ALGÈBRE

ET

LA RÉSOLUTION DE L'ÉQUATION DU QUATRIÈME DEGRÉ.

On sait que toute équation $f(x) = 0$ peut être transformée en une autre du même degré en y par la substitution $y = \varphi(x)$, où φx désigne une fonction rationnelle. Ce procédé de transformation, qui est si fréquemment employé en algèbre, va nous servir pour ramener l'équation générale du quatrième degré aux équations particulières qui ont été considérées dans un précédent article, et dont j'ai exprimé les racines au moyen des fonctions elliptiques. Mais en raison de son importance, et notamment de son application à la résolution de l'équation du cinquième degré, ce mode de transformation m'a paru demander une étude nouvelle, et je commencerai d'abord par en donner les résultats.

Soit

$$f(x) = ax^n + bx^{n-1} + \ldots + gx^2 + hx + k = 0$$

l'équation proposée ; l'expression la plus générale de φx sera, comme on le sait, une fonction entière du degré $n-1$, savoir :

$$\varphi(x) = t + t_0 x + t_1 x^2 + \ldots + t_{n-2} x^{n-1}.$$

Cela posé, en représentant la transformée en y par

$$y^n + p_1 y^{n-1} + p_2 y^{n-2} + \ldots + p_n = 0,$$

l'un quelconque des coefficients, tel que p_i, sera une fraction ayant pour dénominateur $a^{(n-1)i}$, et pour numérateur une fonction entière, homogène, de degré i par rapport à $t, t_0, t_1, \ldots, t_{n-2}$, et de degré $(n-1)i$ par rapport aux coefficients $a, b, \ldots, h, k$. Ce degré si élevé rend en quelque sorte impraticable le calcul de l'équation en y; aussi ce qui a été obtenu de plus important par la considération de cette transformée, en particulier le théorème de M. Jerrard sur l'équation du cinquième degré, ne semble établi qu'à titre de possibilité, en raison de l'excessive complication des opérations nécessaires pour parvenir à un résultat effectif. Mais on peut surmonter ces difficultés par la proposition suivante.

Soit

$$\begin{aligned} t &= a\mathrm{T} + b\mathrm{T}_0 + \ldots + g\,\mathrm{T}_{n-3} + h\,\mathrm{T}_{n-2}, \\ t_0 &= a\mathrm{T}_0 + b\mathrm{T}_1 + \ldots + g\,\mathrm{T}_{n-2}, \\ &\ldots\ldots\ldots\ldots\ldots\ldots\ldots\ldots\ldots\ldots \\ t_{n-3} &= a\mathrm{T}_{n-3} + b\mathrm{T}_{n-2}, \\ t_{n-2} &= a\mathrm{T}_{n-2}. \end{aligned}$$

Cette substitution effectuée dans la fonction p_i la changera en une fonction P_i du même degré par rapport aux indéterminées nouvelles T, T_0, $\mathrm{T}_1, \ldots$, T_{n-2}, mais débarrassée de tout dénominateur, et du degré i seulement par rapport aux coefficients a, $b, \ldots$, h, k. De plus P_n sera divisible par a, de sorte que $\frac{1}{a}\,\mathrm{P}_n$ ne sera que du degré $n-1$ par rapport à ces coefficients.

Cette proposition, très-facile à établir, conduit à la véritable forme analytique qu'il est convenable de donner à la fonction $\varphi(x)$, de sorte que désormais la formule de transformation sera ainsi représentée :

$$y = \varphi(x) = a\mathrm{T} + \left.\begin{array}{l} ax \\ +b \\ \\ \\ \end{array}\right| \mathrm{T}_0 + \left.\begin{array}{l} ax^2 \\ +bx \\ +c \\ \\ \end{array}\right| \mathrm{T}_1 + \ldots + \left.\begin{array}{l} ax^{n-1} \\ +bx^{n-2} \\ \vdots \\ +g \end{array}\right| \mathrm{T}_{n-2}$$

et l'équation transformée par

$$y^n + \mathrm{P}_1 y^{n-1} + \mathrm{P}_2 y^{n-2} + \ldots + \mathrm{P}_n = 0;$$

tous les coefficients étant des fonctions entières de ceux de $f(x)$.

Une autre conséquence résulte encore de l'introduction des variables T, T_0, $\mathrm{T}_1, \ldots, \mathrm{T}_{n-2}$. On sait de combien de travaux a été l'objet la théorie des fonctions homogènes à deux indéterminées, et combien de notions analytiques importantes cette étude a données à l'algèbre. Par exemple, ces fonctions désignées sous le nom d'*invariants*, en raison même de la propriété qui leur sert de définition, de se reproduire dans toutes les transformées par des substitutions linéaires, donnent les éléments qui caractérisent les propriétés essentielles des racines des équations algébriques, celles qui subsistent dans ces diverses transformées (*). D'autre part, la connaissance acquise de ces fonctions, et de celles qu'on nomme *covariants*, permet, dans beaucoup de circonstances, d'obtenir sans efforts le résultat de longs calculs qui, sans leur emploi immédiat, n'eussent au fond servi qu'à les mettre en évidence, ou à faire ressortir dans une question spéciale l'une des propriétés dont on possède maintenant la signification la plus étendue. Mais tant de beaux résultats, dont la science est surtout redevable aux travaux des savants géomètres anglais MM. Cayley et Sylvester, semblent ne pouvoir être utilisés, lorsqu'on sort de la comparaison des équations par des substitutions linéaires de la forme

$$(1) \qquad x = \frac{\alpha X + \beta}{\gamma X + \delta}, \quad \text{ou bien} \quad X = \frac{\delta x - \beta}{\alpha - \gamma x},$$

pour considérer, comme nous le faisons ici, les substitutions les plus générales. Effectivement, aucune combinaison rationnelle des coefficients p_1, $p_2, \ldots, p_n$, ne fait apparaître les covariants de l'équation proposée; mais, comme nous allons voir, il arrive que ces quantités se manifestent, au contraire, immédiatement par l'introduction des variables $T, T_0, T_1, \ldots, T_{n-2}$. C'est ce qui résulte de la proposition suivante.

Soit

$$F(X) = (\gamma X + \delta)^n f\left(\frac{\alpha X + \beta}{\gamma X + \delta}\right) = AX^n + BX^{n-1} + \ldots + HX + K = 0$$

la transformée par la substitution (1) *de l'équation proposée, et représentons l'expression analogue à* $\varphi(x)$, *mais relative à cette équation, par*

$$\Phi(X) = A\mathfrak{T} + \left.\begin{matrix} AX \\ +B \end{matrix}\right| \mathfrak{T}_0 + \left.\begin{matrix} AX^2 \\ +BX \\ +C \end{matrix}\right| \mathfrak{T}_1 + \ldots + \left.\begin{matrix} AX^{n-1} \\ +BX^{n-2} \\ \vdots \\ +H \end{matrix}\right| \mathfrak{T}_{n-2}$$

(*) Par exemple, les conditions qui déterminent le nombre des racines réelles et imaginaires dans les équations à coefficients réels, dépendent uniquement des invariants, sauf le cas du quatrième degré. J'ai donné ces conditions, indépendamment du théorème de M. Sturm, pour les équations du cinquième degré, dans un Mémoire sur la théorie des fonctions homogènes à deux indéterminées. (*Cambridge and Dublin Mathematical Journal*; année 1854.)

on pourra immédiatement obtenir Φ, *en faisant dans* φ, *en premier lieu :*

$$
(2)\quad \begin{cases}
T_0 = (\alpha\delta - \beta\gamma)(\alpha + \beta\varpi)^{n-2}, \\
T_1 = (\alpha\delta - \beta\gamma)(\alpha + \beta\varpi)^{n-3}(\gamma + \delta\varpi), \\
\dots\dots\dots\dots\dots\dots \\
T_i = (\alpha\delta - \beta\gamma)(\alpha + \beta\varpi)^{n-2-i}(\gamma + \delta\varpi)^i, \\
\dots\dots\dots\dots\dots\dots \\
T_{n-2} = (\alpha\delta - \beta\gamma)(\gamma + \delta\varpi)^{n-2},
\end{cases}
$$

sous la condition qu'après les développements on remplace ϖ^i *par* ϖ_i, *de manière à parvenir à des expressions linéaires en* $\varpi_0, \varpi_1, \dots, \varpi_{n-2}$; *en second lieu, et pour ce qui concerne* T, *la valeur à substituer se déduira de la relation*

$$
\begin{aligned}
&na\,T + (n-1)b\,T_0 + (n-2)c\,T_1 + \dots + 2g\,T_{n-3} + h\,T_{n-2} \\
&= nA\,\varpi + (n-1)B\,\varpi_0 + (n-2)C\,\varpi_1 + \dots + 2G\,\varpi_{n-3} + H\,\varpi_{n-2}.
\end{aligned}
$$

On remarquera la liaison qu'établit cette proposition entre les deux groupes d'indéterminées $T_0, T_1, \dots, T_{n-2}, \varpi_0, \varpi_1, \dots, \varpi_{n-2}$, et le rôle entièrement séparé de l'indéterminée T. Ces relations (2), indépendantes des coefficients $a, b, \dots, g, h$, représentent précisément ce que M. Sylvester a nommé une substitution *congrédiente* avec la substitution binaire :

$$
(3)\quad \begin{cases}
x = \alpha x' + \beta y', \\
y = \gamma x' + \delta y',
\end{cases}
$$

et le sens qu'on doit attacher à cette expression se trouvera nettement fixé par cette proposition :

Désignons respectivement par S *et* (S) *les substitutions* (3) *et* (2); *si l'on obtient* S *en composant deux substitutions analogues* S', S'', *de sorte qu'on ait*

$$S = S'S'',$$

la substitution (S) *sera de même composée de deux autres, et si l'on représente par* (S') *et* (S'') *les substitutions déduites de* S' *et* S'', *d'après la même loi que* (S) *de* S, *on aura la relation*

$$(S) = (S')(S'').$$

De là résulte que toute fonction des quantités $P_1, P_2, \dots, P_n$, indépendante de T, par exemple toutes les fonctions symétriques des différences des racines y, seront, par rapport à $T_0, T_1, \dots, T_{n-2}$, des covariants de la fonction homogène $y^n f\left(\frac{x}{y}\right)$. Telles seront en particulier les quantités

$$(n-1)P_1^2 - 2nP_2, \quad (n-1)(n-2)P_1^3 - 3n(n-2)P_1 P_2 + 3n^2 P_3, \text{ etc.},$$

qui jouent le principal rôle dans les recherches que j'ai entreprises sur la réduction de l'équation du cinquième degré à la forme obtenue par M. Jerrard. Mais, en ce moment, c'est aux équations du quatrième degré que je vais appliquer ces considérations, afin de les réduire à la forme

$$(4) \qquad x^4 - 6Sx^2 - 8Tx - 3S^2 = 0,$$

et par là d'en conclure les expressions de leurs racines au moyen des fonctions elliptiques. Je me fonderai à cet effet sur cette remarque que dans cette équation, comme celles de la théorie des fonctions elliptiques auxquelles elle a été comparée, savoir :

$$v^4 + 2u^3v^3 - 2uv - u^4 = 0,$$

et

$$z^4 - 6z^2 - 8(1-2k^2)z - 3 = 0,$$

l'invariant quadratique est nul. Or toute équation du quatrième degré

$$Ax^4 + 4Bx^3 + 6Cx^2 + 4Dx + E = 0,$$

où l'on suppose cette quantité

$$I = AE - 4BD + 3C^2 = 0,$$

devient, en y remplaçant x par $\frac{x-B}{A}$,

$$x^4 - 6(B^2 - AC)x^2 - 4(A^2D - 3ABC + 2B^3)x - 3(B^2 - AC)^2 = 0;$$

ce qui est bien la forme de l'équation (4). Etant donc proposée l'équation générale

$$ax^4 + 4bx^3 + 6cx^2 + 4dx + e = 0,$$

essayons de déterminer la substitution

$$y = \varphi(x) = aT + \begin{array}{c|c|c|l} ax & T_0 + ax^2 & T_1 + ax^3 & T_2, \\ +4b & +4bx & +4bx^2 & \\ & +6c & +6cx & \\ & & +4d & \end{array}$$

de manière que dans la transformée que nous écrirons ainsi

$$y^4 + 4P_1y^3 + 6P_2y^2 + 4P_3y + P_4 = 0,$$

l'invariant quadratique soit égal à zéro. On devra poser

$$P_4 - 4P_1P_3 + 3P_2^2 = 0,$$

relation du quatrième degré par rapport à T_0, T_1, T_2; mais ce qui justifie précisément le mode de réduction que nous avons en vue, c'est qu'elle se décompose en deux facteurs, de sorte qu'en posant

$$f = aT_0^2 + 4cT_1^2 + eT_2^2 + 4dT_1T_2 + 2cT_0T_2 + 4bT_0T_1,$$
$$I = ae - 4bd + 3c^2, \quad J = ace + 2bcd - ad^2 - eb^2 - c^3,$$

on aura l'une ou l'autre de ces équations du second degré seulement

$$If + \left(6J + \frac{2}{\sqrt{-3}}\sqrt{I^3 - 27J^2}\right)(T_0T_2 - T_1^2) = 0,$$
$$If + \left(6J - \frac{2}{\sqrt{-3}}\sqrt{I^3 - 27J^2}\right)(T_0T_2 - T_1^2) = 0.$$

On pourra donc, et d'une infinité de manières, en s'adjoignant de simples racines carrées, déterminer une substitution qui ramène toute équation de quatrième degré à l'équation (4), dont les racines ont été exprimées par les fonctions elliptiques. Et on remarquera que f est bien un covariant de la forme

$$f = ax^4 + 4bx^3y + 6cx^2y^2 + 4dxy^3 + ey^4,$$

car cette quantité peut s'obtenir en remplaçant dans l'expression

$$\xi^2\frac{d^2f}{dx^2} + 2\xi\eta\frac{d^2f}{dx\,dy} + \eta^2\frac{d^2f}{dy^2},$$

x^2, xy, y^2 d'une part, ξ^2, $\xi\eta$, η^2 de l'autre, respectivement par T_0, T_1, T_2, d'ailleurs I et J sont les deux invariants et $I^3 - 27J^2$ le discriminant.

Mais il est une autre équation que présente la théorie de la transformation du troisième ordre et à laquelle on pourrait, par une substitution de la forme $y = \frac{\alpha x + \beta}{\gamma x + \delta}$, ramener également toute équation du quatrième degré. Soit, en général, pour un ordre quelconque n,

$$U = \sqrt[4]{kk'}, \quad V = \sqrt[4]{\lambda\lambda'};$$

en partant des expressions données dans les *Fundamenta* pour λ et λ' et d'où on tire

$$V = U^n \frac{\sin\operatorname{coam} 2\omega . \sin\operatorname{coam} 4\omega \ldots \sin\operatorname{coam}(n-1)\omega}{\Delta\operatorname{am} 2\omega . \Delta\operatorname{am} 4\omega \ldots \Delta\operatorname{am}(n-1)\omega},$$

le P. Joubert a fait la remarque importante que les fonctions rationnelles symétriques des diverses valeurs de V qui correspondent à toutes les déterminations de ω, ne dépendent que du produit du module par son complément, de sorte qu'il existe entre V et U une équation de degré $n+1$, analogue pour plusieurs propriétés essentielles (*) à l'équation modulaire entre v et u. Par exemple, pour $n=3$, $n=5$, $n=7$, le calcul effectué par le P. Joubert donne les relations

$$V^4 - 4U^3V^3 + 2UV + U^4 = 0,$$
$$V^6 - 16U^5V^5 + 15U^2V^4 + 15U^4V^2 + 4UV + U^6 = 0,$$
$$V^8 - 64U^7V^7 + 7.48U^6V^6 - 7.96U^5V^5 + 7.94U^4V^4$$
$$- 7.48U^3V^3 + 7.12U^2V^2 - 8UV + U^8 = 0.$$

C'est la première qui pourrait servir à l'objet que nous indiquons; mais je me bornerai, en terminant cette Note, à montrer qu'elle donne un nouvel exemple de ce rapprochement que j'ai essayé de faire ressortir, entre la théorie de la transformation pour le troisième ordre et celle des formes cubiques à trois indéterminées. Effectivement, le paramètre l qui figure dans la transformée canonique

$$x^3 + y^3 + z^3 + 6lxyz,$$

dépend des invariants S et T, ou plutôt de S et S_1 par l'équation

$$\frac{l^4 - l}{8l^3 + 1} = \frac{1}{4}\frac{S}{S_1}.$$

Or il suffit, en introduisant une seule indéterminée, de poser $l = \rho V$ pour la ramener à la relation entre V et U. De là résulte qu'en prenant pour

(*) Ces propriétés seront l'objet d'un prochain article.

module

$$k^2 = \frac{T + \sqrt{S^3}}{2\sqrt{S^3}},$$

et posant, pour abréger,

$$\varphi = \frac{4}{3}(mK + m'iK'),$$

on a ces expressions des trois quantités δ, Δ et l, savoir :

$$\delta = \sqrt{S}\,\frac{\sin^2 \operatorname{am}\varphi}{\sin^2 \operatorname{coam}\varphi}, \quad \Delta = \frac{1}{2}\sqrt{S}\,\frac{1 + \cos^2 \operatorname{am}\varphi}{\sin^2 \operatorname{am}\varphi}, \quad l = -\frac{S}{S_1}\,\frac{\Delta \operatorname{am}\varphi}{\sin \operatorname{coam}\varphi}.$$

Dans ces formules m et m' peuvent être pris égaux à deux nombres entiers quelconques, pourvu qu'on ne les suppose pas en même temps nuls ou divisibles par 3.

SUR LA RÉSOLUTION

DE

L'ÉQUATION DU CINQUIÈME DEGRÉ,

PAR M. LÉOPOLD KRONECKER.

Extrait d'une Lettre adressée à M. HERMITE.

Berlin, le 6 juin 1858.

C'est avec le plus vif intérêt que j'ai lu votre excellent Mémoire sur la résolution des équations du cinquième degré par les fonctions elliptiques, intérêt qui s'est encore accru, s'il est possible, lorsque j'ai vu que dans les recherches que j'avais entreprises autrefois sur le même sujet, je me suis rencontré avec vous sur plusieurs points. En faisant ce travail il y a deux ans, j'avais communiqué à mon ami M. Kummer les principes desquels j'étais parti et les résultats qui en découlaient; mais je ne voulais rien publier sur cette matière avant que j'eusse obtenu des résultats plus généraux. Bien que je ne sois pas encore parvenu à tout ce que je désirais, je crois pourtant que la nouvelle méthode de résoudre le problème du cinquième degré présente en elle-même assez d'intérêt pour que j'ose vous en entretenir.

C'est le sujet du petit Mémoire ci-joint (1) qui m'a conduit à présumer que les équations dont dépend la division de certaines fonctions transcendantes, suffisent à résoudre des équations générales douées de certaines propriétés correspondantes du nombre de celles que j'ai désignées par le nom d'*affections*. En abordant cette question, beaucoup trop difficile pour

(1) Voyez les *Comptes rendus de l'Académie des Sciences de Berlin*, séance du 22 avril 1858.

être traitée dans toute sa généralité, j'ai commencé par rechercher le cas le plus simple, savoir celui qui se rattache à la division des fonctions elliptiques en cinq parties égales. Pour vérifier dans ce cas particulier le résultat dont j'avais trouvé par induction la forme à priori, il se présente une méthode sûre fondée sur la réduction de M. Jerrard, dont je me suis servi d'abord. Mais si l'on envisage la question au point de vue général où je me suis placé, on reconnaît que cette méthode est indirecte. Persuadé d'ailleurs qu'il faut abandonner entièrement la méthode de M. Jerrard si l'on veut passer aux cas supérieurs, je me suis occupé encore à chercher une manière plus directe de résoudre les équations du cinquième degré, sans faire aucune réduction préalable des coefficients. Et en effet j'ai réussi à trouver la résolution que je désirais, à l'aide de principes qui s'appliquent également à des problèmes ultérieurs, qui cependant ne m'ont pas encore fourni jusqu'à présent la solution *complète* de ces derniers. Occupé depuis longtemps de questions relatives à la théorie des nombres, je n'ai pu poursuivre les recherches algébriques dont je viens de vous parler; mais j'espère revenir dans quelque temps à ces problèmes intéressants et en compléter la solution, à moins que cela ne soit au-dessus de mes forces.

Maintenant pour revenir au problème que vous avez résolu avec tant d'élégance, désignons par x_0, x_1, x_2, x_3, x_4, les racines d'une équation quelconque du cinquième degré : $X = 0$. Puis faisons

$$f(v, x_0, x_1, x_2, x_3, x_4) = \sum_{m=0}^{m=4} \sum_{n=1}^{n=4} (x_m x_{m+n}^2 x^2{}_{+2n} + v . x_m^3 x_{m+n} x_{m+2n}) . \sin \frac{2n\pi}{5},$$

v étant une quantité variable. Enfin soit

$$f_r = f(v, x_r, x_{r+3}, x_{r+4}, x_{r+1}, x_{r+2})$$

pour les cinq valeurs de l'indice $r = 0, 1, 2, 3, 4$. Cela posé, toutes les six fonctions f sont cycliques par rapport aux quantités x, c'est-à-dire la fonction $f(v, x_0, x_1, x_2, x_3, x_4)$, par exemple, n'est pas altérée en effectuant une des permutations circulaires $\begin{pmatrix} x_i \\ x_{i+m} \end{pmatrix}$, mais elle est changée par toute autre permutation des lettres x. Or on sait que la valeur d'une fonction cyclique quelconque de $x_0, x_1, \ldots$, étant connue, chacune de ces racines s'exprime en fonction algébrique explicite des quantités données, et l'on connaît d'ailleurs la forme précise de cette expression. Je rappelle en outre que, *toutes* les valeurs distinctes d'une fonction cyclique étant données, les cinq racines x s'en déduisent *rationnellement*. On obtiendra donc deux méthodes différentes pour représenter les racines x comme fonctions explicites des coefficients de l'équation $X = 0$, si l'on parvient à exprimer les fonctions cycliques f d'une manière explicite par les fonctions symétriques des quantités x. Pour faire cela, déterminons la valeur de v telle, que la condition

$$f^2 + f_0^2 + f_1^2 + f_2^2 + f_3^2 + f_4^2 = 0$$

soit remplie. Les trois coefficients de cette équation quadratique, par rapport à v, contiennent les quantités x de telle manière qu'ils ne prennent pas plus de deux valeurs en subissant toutes les permutations possibles. D'où il résulte que v s'exprime par les coefficients de l'équation $X = 0$, à l'aide de radicaux carrés. Après avoir disposé ainsi de la valeur de v, les six fonctions $f, f_0, f_1, \ldots, f_4$, satisfont identiquement à une équation de la forme suivante

$$f^{12} - 10\,\varphi f^6 + 5\,\psi^2 = \psi f^2,$$

où φ et ψ désignent des fonctions rationnelles de $v, x_0, x_1, x_2, x_3, x_4$, invariables pour *toute* permutation circulaire des lettres x. Les fonctions φ et ψ peuvent donc s'exprimer par les fonctions symétriques des quantités x à l'aide de radicaux carrés. Or l'équation remarquable du douzième degré que je viens d'établir peut se résoudre par les fonctions elliptiques, ou, ce qui revient au même, les six fonctions algébriques *implicites* de φ et ψ, savoir : $f, f_0, f_1, f_2, f_3, f_4$, s'expriment d'une manière *explicite* à l'aide des fonctions elliptiques. En effet, après avoir tiré de l'équation

$$64\,k^2 k'^2 \varphi^2 + \psi \sqrt[3]{4\,k^2 k'^2 \varphi} = 4\,\varphi^2$$

la valeur du module k, les douze fonctions $\pm f$ seront représentées par l'expression suivante

$$\pm \frac{1}{2} \sqrt[6]{4\,k^2 k'^2 \varphi} \left(\frac{\cos \operatorname{am} 2\,\omega}{\cos \operatorname{am} 4\,\omega} - \frac{\cos \operatorname{am} 4\,\omega}{\cos \operatorname{am} 2\,\omega}\right)$$

en y remplaçant ω par les six quantités

$$\frac{K}{5}, \quad \frac{iK'}{5}, \quad \frac{K \pm iK'}{5}, \quad \frac{2K \pm iK'}{5}.$$

SUR

LA THÉORIE DES ÉQUATIONS MODULAIRES.

« On connaît toute l'importance dans la théorie des équations algébriques de cette fonction des coefficients à laquelle a été donné le nom de *discriminant,* et qui représente le produit symétrique des carrés des différences des racines. Aussi les géomètres ont-ils recherché, surtout dans ces derniers temps, les méthodes les plus propres à en abréger le calcul. Mais, dans les applications à une équation donnée, ces méthodes générales sont le plus souvent impraticables en raison des opérations laborieuses qu'elles exigent. C'est cette difficulté qui m'a longtemps arrêté pour former la réduite du onzième degré de l'équation modulaire du douzième, la fonction des racines que j'ai employée pour effectuer l'abaissement conduisant dans les trois cas du sixième, du huitième et du douzième degré à calculer le discriminant de ces équations. J'ai donc essayé d'étudier en général le discriminant des équations modulaires, en prenant pour point de départ les expressions des racines sous forme transcendante, dans l'espérance d'arriver à un calcul qui pût être effectué au moins dans le cas que j'avais en vue. J'y suis effectivement parvenu, et j'ai vu en même temps cette recherche conduire, par une voie aussi simple que naturelle, à d'importantes notions arithmétiques et à des propositions qu'on ne trouvera pas, j'espère, sans intérêt, sur les sommes de nombres de classes de formes quadratiques, dont les déterminants suivent une certaine loi. M. Kronecker a déjà donné dans les *Comptes rendus de l'Académie de Berlin* (séance du 29 octobre 1857) les énoncés de plusieurs beaux théorèmes de cette nature; ceux que je vais établir dans cette Note et qui, si je ne me trompe, tiennent à d'autres principes, contribueront, je pense, avec les propositions dues à cet illustre géomètre, à jeter un nouveau jour sur une des plus importantes théories de l'arithmétique, en la rattachant par de nouveaux liens à l'algèbre et à l'analyse transcendante.

» I. Soit n un nombre premier et $\Theta(v, u) = 0$ l'équation modulaire de degré $n+1$; en faisant, pour abréger, $\varepsilon = \left(\frac{2}{n}\right)$, on trouve très-aisément que le produit des carrés des différences des racines v, prises deux à deux, et que je désignerai par D, a la forme suivante :

$$D = u^{n+1}(1-u^8)^{n+\varepsilon}(a_0 + a_1 u^8 + a_2 u^{16} + \ldots + a_\nu u^{8\nu}),$$

le polynôme $a_0 + a_1 u^8 + \ldots$ étant réciproque, c'est-à-dire que $a_i = a_{\nu-i}$, et ne contenant ni le facteur u, ni le facteur $1-u^8$; quant au nombre ν, il a pour valeur $\nu = \frac{n^2-1}{4} - (n+\varepsilon)$. Cela posé, je vais en premier lieu établir que D est un carré parfait. Je me fonderai pour cela sur la relation importante donnée par Jacobi, entre le multiplicateur M, le module proposé et le module transformé, savoir :

$$M^2 = \frac{1}{n}\cdot\frac{\lambda(1-\lambda^2)}{k(1-k^2)}\cdot\frac{dk}{d\lambda}.$$

En posant

$$\frac{d\Theta}{dv} = \theta(v, u), \quad \frac{d\Theta}{du} = \vartheta(v, u),$$

de sorte qu'on ait, en vertu de l'équation modulaire,

$$\frac{du}{dv} = -\frac{\vartheta(v, u)}{\theta(v, u)},$$

cette relation, si l'on introduit u et v au lieu de $\sqrt[4]{k}$ et $\sqrt[4]{\lambda}$, deviendra

$$M^2 = -\frac{1}{n}\,\frac{v(1-v^8)\,\theta(v, u)}{u(1-u^8)\,\vartheta(v, u)}.$$

D'ailleurs les valeurs correspondantes de v et M sont, comme on sait,

$$v = u^n[\sin\operatorname{coam} 2\rho \sin\operatorname{coam} 4\rho \ldots \sin\operatorname{coam}(n-1)\rho],$$

$$M = (-1)^{\frac{n-1}{2}}\left[\frac{\sin\operatorname{coam} 2\rho \sin\operatorname{coam} 4\rho \ldots \sin\operatorname{coam}(n-1)\rho}{\sin\operatorname{am} 2\rho \sin\operatorname{am} 4\rho \ldots \sin\operatorname{am}(n-1)\rho}\right]^2,$$

de sorte qu'en faisant

$$\rho = \frac{K}{n}, \quad \frac{iK'}{n}, \quad \frac{K+iK'}{n}, \ldots, \quad \frac{(n-1)K+iK'}{n},$$

on obtiendra simultanément les $n+1$ valeurs de M et les $n+1$ racines $v_0, v_1, \ldots, v_n$ de l'équation modulaire. Or les équations entre M et k ont pour coefficients des fonctions entières de k, celui de la plus haute puissance de M étant l'unité, et le dernier la constante numérique $\frac{(-1)^{\frac{n-1}{2}}}{n}$, de manière que le multiplicateur ne peut jamais devenir nul ou infini pour une valeur finie de k. Cette propriété importante, qui est due au P. Joubert, montre que les valeurs de v et u, qui satisfont à l'équation modulaire et à sa dérivée $\theta(v, u) = 0$, annulent nécessairement aussi le dénominateur de M, et par suite $\vartheta(v, u)$, si l'on exclut les cas limites, $u = 0$, $u^8 = 1$, auxquels correspondent, comme on sait, $v = 0$, $v^8 = 1$. Cette restriction faite, on peut conclure que toutes les autres solutions simultanées des équations $\Theta(v, u) = 0$, $\theta(v, u) = 0$ sont doubles; elles annulent, en effet, le déterminant fonctionnel

$$\frac{d\Theta}{dv}\cdot\frac{d\theta}{du} - \frac{d\Theta}{du}\cdot\frac{d\theta}{dv} = \theta\frac{d\theta}{du} - \vartheta\frac{d\theta}{dv},$$

car, à cause de l'équation $\theta = 0$, ce déterminant contient le facteur $\vartheta(v, u)$. C'est dire que tous les facteurs du discriminant, autres que u et $1 - u^8$, y entrent au carré, d'où résulte que le polynôme $a_0 + a_1 u^8 + \ldots$, qui ne contient pas ces facteurs, et par suite le discriminant lui-même, est un carré parfait. A la vérité pourrait-on demander en toute rigueur de démontrer qu'il ne renferme pas de facteurs triples ou élevés à une puissance impaire. Mais ce point sera lui-même complétement établi plus tard, à l'aide d'une remarque que je dois encore placer ici. Multiplions membre à membre les $n+1$ équations qu'on déduit de la relation

$$M^2 = -\frac{1}{n}\frac{v(1-v^8)\,\theta(v, u)}{u(1-u^8)\,\vartheta(v, u)},$$

en y remplaçant successivement v par toutes les racines de l'équation modulaire. Comme le produit des valeurs de M est $\pm\frac{1}{n}$, on trouvera, en employant, pour abréger, le signe de multiplication Π,

$$\frac{1}{n^2} = \frac{1}{n^{n+1}} \frac{\Pi v (1 - v^8)}{u^{n+1}(1 - u^8)^{n+1}} \frac{\Pi \theta (v, u)}{\Pi \vartheta (v, u)}.$$

Mais on sait que

$$\Pi v = \varepsilon u^{n+1},$$

on en conclut (*) que

$$\Pi (1 - v^8) = (1 - u^8)^{n+1},$$

et il vient par conséquent

$$\Pi \vartheta (v, u) = \frac{\varepsilon}{n^{n-1}} \Pi \theta (v, u).$$

Or, au signe près, $\Pi \theta (v, u)$ est le discriminant, et cette relation montre qu'on peut le considérer comme provenant de l'élimination de v, entre les équations

$$\Theta (v, u) = 0, \quad \vartheta (v, u) = 0,$$

la seconde étant la dérivée $\frac{d\Theta}{du}$. Cela posé, faisons le changement de v en u, et de u en εv; d'après une propriété fondamentale des équations modulaires, Θ ne changera pas, $\frac{d\Theta}{du} = 0$ deviendra par conséquent $\frac{d\Theta}{dv} = 0$, et le discriminant, lorsqu'on y aura mis εv au lieu de u, représentera le résultat de l'élimination de u entre les équations $\Theta = 0$, $\frac{d\Theta}{dv} = 0$. Mais D ne contenant que des puissances paires de u, ce changement reviendra à écrire la lettre v au lieu de u, d'où cette conséquence que l'ensemble des valeurs égales des racines $v_0, v_1, \ldots, v_n$, ne diffère pas de la série des valeurs de u qui font acquérir à l'équation modulaire ces valeurs égales.

» II. Après avoir établi que le discriminant est un carré parfait, ce qui permet d'écrire désormais

$$D = u^{n+1} (1 - u^8)^{n+\varepsilon} \theta^2 (u),$$

(*) Il suffit pour cela de poser $u = \varphi(\omega)$, puis de changer ω en $-\frac{1}{\omega}$, et d'élever les deux membres à la puissance huitième, les racines $v_0, v_1, \ldots$, étant ainsi devenues : $\sqrt[8]{1 - v_0^8}$, $\sqrt[8]{1 - v_1^8}$, etc.

si l'on pose

$$\theta(u) = a_0 + a_1 u^8 + \ldots + a_\nu u^{8\nu}, \quad \nu = \frac{n^2 - 1}{8} - \frac{n + \varepsilon}{2},$$

nous introduirons la transcendante dont j'ai donné ailleurs (p. 3) la définition et les propriétés fondamentales, en faisant

$$u = \varphi(\omega),$$

et c'est ainsi que nous parviendrons à représenter explicitement toutes les racines du polynôme $\theta(u)$, en donnant pour chacune d'elles la valeur de ω. Le caractère principal de ces valeurs consiste en ce qu'elles sont l'une des racines toujours imaginaires, celle où le coefficient de i (*) est positif, d'équations du second degré à coefficients entiers, et que nous désignerons de cette manière :

$$(a) \qquad P\omega^2 + 2Q\omega + R = 0.$$

Nous allons donner le moyen d'obtenir toutes ces équations en les déduisant de certaines classes de formes quadratiques de déterminant négatif, mais il est d'abord nécessaire, à l'égard de cette dépendance que nous établissons entre les équations et les classes, d'indiquer la proposition suivante :

» A toutes les classes qui ont même déterminant ou seulement à certains ordres correspondront toujours, sauf deux exceptions dont il sera question plus bas, soit deux groupes, soit six groupes de huit équations, telles, que dans un même groupe toutes les équations se déduisent de l'une d'elles, en y remplaçant ω par $\omega + 2m$, le nombre m étant pris suivant le module 8. De sorte que si l'on veut avoir seulement les valeurs distinctes de $\varphi^8(\omega)$, on ne conservera qu'une forme de chaque groupe, alors et sous cette condition correspondront à chaque classe deux ou six équations (a).

» Désignons dans le premier cas par

$$P\omega^2 + 2Q\omega + R = 0$$

l'une des équations, l'autre s'en déduira en y remplaçant ω par $\frac{\omega}{1+\omega}$, et il en résultera deux valeurs $\varphi(\omega)$ et $\frac{1}{\varphi(\omega)}$ qui seront deux racines réciproques du polynôme $\theta(u)$.

» Pour le second cas, on aura d'abord les deux équations dont nous

(*) Peut-être n'est-il pas inutile, pour éviter toute ambiguïté, de dire que la quantité i dont il est question est précisément celle qui figure dans l'expression analytique de $\varphi(\omega)$ où elle a été introduite en posant $q = e^{i\pi\omega}$.

venons de parler, et chacune d'elles en donnera en outre deux autres, en y remplaçant ω par $-\frac{1}{\omega}$ et $\omega-1$. Autrement dit, les six équations résulteront de l'une quelconque d'entre elles en y faisant les substitutions

$$\omega, \quad \frac{\omega}{1+\omega}, \quad -\frac{1}{\omega}, \quad \frac{1}{1-\omega}, \quad \omega-1, \quad 1-\frac{1}{\omega}.$$

A ces six valeurs de ω répondent six groupes de huit racines du polynôme $\theta(u)$, qu'on obtiendra par les relations

$$u^8=\varphi^8(\omega), \quad \frac{1}{\varphi^8(\omega)}, \quad 1-\varphi^8(\omega), \quad \frac{1}{1-\varphi^8(\omega)}, \quad \frac{\varphi^8(\omega)}{\varphi^8(\omega)-1}, \quad \frac{\varphi^8(\omega)-1}{\varphi^8(\omega)}.$$

» Quant aux cas d'exception à ces règles, ils concernent les classes dérivées de ces deux formes (1, 0, 1) et (2, 1, 2). On rencontre les premières lorsque le nombre premier n étant $\equiv 1 \bmod 4$, on peut faire

$$n=a^2+4b^2.$$

Selon qu'elles présentent les caractères propres aux formes qui fournissent deux ou six équations, on n'en doit prendre qu'une seule, savoir :

$$\omega^2-2\omega+2=0, \quad \text{d'où} \quad \omega=1+i, \quad \varphi^8(\omega)=-1;$$

ou bien les trois suivantes :

$$\omega^2+1=0, \quad \text{d'où} \quad \omega=i, \quad \varphi^8(\omega)=\frac{1}{2},$$
$$\omega^2-2\omega+2=0, \quad \omega=1+i, \quad \varphi^8(\omega)=-1,$$
$$2\omega^2+2\omega+1=0, \quad \omega=\frac{i}{1+i}, \quad \varphi^8(\omega)=2.$$

Le premier cas a lieu lorsque b est impair ou impairement pair, et le second lorsque b est divisible par 4 dans l'équation $n=a^2+4b^2$. Les classes dérivées de (2, 1, 2) s'offrent lorsque $n=a^2+3b^2$, et toujours avec les caractères propres aux formes qui fournissent six équations. Mais on en doit prendre seulement deux, qui sont

$$\omega^2+\omega+1=0, \quad \omega^2-\omega+1=0,$$

et quant aux valeurs de $\varphi(\omega)$ qu'elles déterminent, elles dépendent de l'équation

$$\varphi^{16}(\omega)-\varphi^8(\omega)+1=0.$$

Ainsi le facteur $u^{16}-u^8+1$ se présentera dans le polynôme $\theta(u)$ pour $n=7, 13, 19$, etc.

» Ces préliminaires établis, nous arrivons à la formation même des équations en ω. A cet effet, nous considérerons deux séries de déterminants, les uns donnés par l'expression

$$\Delta = (8\delta - 3n)(n - 2\delta),$$

les autres par celle-ci :

$$\Delta' = 8\delta(n - 8\delta),$$

en attribuant à δ toutes les valeurs en nombre évidemment fini qui les rendent positives, et nous aurons les propositions suivantes :

Première série : $\Delta = (8\delta - 3n)(n - 2\delta)$.

» Pour $\Delta \equiv 1 \bmod 4$, toutes les classes de déterminants $-\Delta$ peuvent être représentées par des formes (P, Q, R), où Q est impair et R impairement pair. Ces formes fourniront deux équations, dont le type sera précisément

$$P\omega^2 + 2Q\omega + R = 0.$$

» Pour $\Delta \equiv -1 \bmod 4$, les seules classes de l'ordre improprement primitif ou dérivées d'ordres improprement primitifs pourront être représentées de même; les autres seront exclues, et chacune des premières fournira deux ou six équations, suivant qu'on aura $\Delta \equiv -1$ ou $3 \bmod 8$.

Deuxième série : $\Delta' = 8\delta(n - 8\delta)$.

» Pour δ impair, on exclut les classes où les trois coefficients sont divisibles par 2 ; toutes les autres fournissent chacune deux équations.

» Si δ est pair, on prend sans exception toutes les classes de déterminants $-\Delta'$, et c'est alors seulement qu'on rencontre les groupes de classes auxquelles correspondent six équations. Le premier de ces groupes se présente lorsque $\delta \equiv -2n \bmod 8$; il est composé de toutes les classes dont les coefficients sont divisibles par 4, et qui, ce facteur supprimé, constituent l'ordre improprement primitif, ainsi que les dérivés d'ordres improprement primitifs (*), de déterminant $-\frac{\Delta'}{16}$. Le second est donné par les valeurs de δ qui sont multiples de 8, et il est composé de toutes les classes dont les

---

(*) Cette réunion d'ordres qui se présente dans les deux séries de déterminants pourrait être appelée simplement le *groupe improprement primitif;* ce serait ainsi l'ensemble des classes (A, B, C), où B est impair, A et C pairs, ces trois nombres pouvant avoir d'ailleurs un diviseur impair quelconque.

coefficients sont divisibles par 8. L'une quelconque de ces classes, auxquelles correspondent six équations, étant désignée par (P, Q, R), conduit immédiatement à l'équation type

$$P\omega^2 + 2Q\omega + R = 0;$$

mais pour les autres, auxquelles correspondent deux équations, et qu'on peut représenter ainsi :

$$\rho(A, B, C),$$

ρ étant 1, 2 ou 4, et A, B, C, n'étant plus à la fois divisibles par 2, il sera toujours possible de déduire de (A, B, C) une transformée (P, Q, R) où P est impair, R pair, et l'équation en ω sera encore

$$P\omega^2 + 2Q\omega + R = 0.$$

» Une observation essentielle doit être enfin jointe aux propriétés précédentes : c'est que dans la série des équations dont nous devons donner la formation, jamais on n'obtiendra deux fois la même, si on a égard à ce qui a été précédemment dit relativement aux classes dérivées des formes (1, 0, 1) et (2, 1, 2). Cela résulte de ce qu'un nombre premier n'est susceptible que d'une représentation par la totalité des formes non équivalentes qui appartiennent au même déterminant

» III. Plusieurs des résultats précédents s'étendent aux équations plus générales qui fournissent la relation entre les modules pour toutes les transformations des fonctions elliptiques. Ceux que je vais indiquer, en considérant pour l'ordre de la transformation un nombre n impair sans diviseurs carrés, montreront, je pense, l'intérêt qui m'a attaché à ces recherches, auxquelles j'espère donner par la suite de nouveaux développements. Dans ce cas, l'équation rationnelle entre $v = \sqrt[4]{\lambda}$ et $u = \sqrt[4]{k}$ est d'un degré égal à la somme des diviseurs de n, et le premier point que j'ai dû établir consiste en ce que si l'on pose $u = \varphi(\omega)$, les racines seront représentées ainsi :

$$v = \left(\frac{2}{\delta}\right) \varphi\left(\frac{\delta\omega + 16m}{\delta_1}\right),$$

δ et δ_1 étant deux diviseurs de n, de sorte que $n = \delta\delta_1$, m étant pris suivant le module δ_1 et $\left(\frac{2}{\delta}\right)$ ayant la signification habituelle relative aux nombres composés.

» Considérant ensuite le produit des carrés des différences des racines, j'ai trouvé qu'en le désignant toujours par D, on avait

$$D = u^N(1-u^8)^{N'}(a_0 + a_1 u^8 + a_2 u^{16} + \ldots + a_\nu u^{8\nu}),$$

où N, N' et ν sont des nombres entiers dont la détermination dépend des fonctions numériques suivantes, qui s'offrent pour la première fois en analyse.

» Soient δ et δ' deux diviseurs de n tels, que l'on ait

$$\delta\delta' < n,$$

la première de ces fonctions sera la somme de toutes les quantités $\delta^2\delta'$, et je la désignerai ainsi :

$$\Delta_n = \Sigma\delta\delta'.$$

La seconde Δ'_n sera définie comme la précédente, mais en employant seulement pour δ et δ' les diviseurs de n qui satisfont à la condition

$$\left(\frac{2}{\delta}\right) = \left(\frac{2}{\delta'}\right).$$

Cela étant, si $\mathfrak{N}$ et $\mathfrak{N}'$ représentent la somme et le nombre des diviseurs de n, on aura

$$N = n\mathfrak{N}' - \mathfrak{N} + 2\Delta_n,$$
$$N' = n\mathfrak{N}' - \mathfrak{N} + 2\Delta'_n,$$
$$4\nu = \mathfrak{N}^2 - \mathfrak{N} - N - 4N'.$$

» Ces quantités auxquelles conduit immédiatement le discriminant de l'équation modulaire montrent donc le premier emploi des fonctions Δ_n, Δ'_n, qui, si on les prend complètes, c'est-à-dire en introduisant dans les sommes tous les diviseurs de n, seront de la nature des fonctions numériques récemment étudiées par M. Liouville dans plusieurs travaux importants. Mais la limitation $\delta\delta' < n$ leur imprime un caractère spécial qui rappelle dans la théorie des nombres la notion analytique de *parties de fonctions*. Telle est encore cette expression de la somme des diviseurs de n, moindres que $\sqrt{n}$, dont M. Kronecker a montré le premier l'usage dans le beau travail que j'ai déjà cité. Et il semble jusqu'ici que ce soit dans l'évaluation des sommes de nombres de classes de formes quadratiques, dont les déterminants suivent certaines progressions du second ordre, que ces trois fonctions se trouvent appelées à jouer leur principal rôle ; mais à cet égard j'aurai surtout pour but de faire ressortir, dans le cas où n est premier, la liaison qui existe entre le degré du discriminant et ces nombres de classes. Pour cela, il est nécessaire que je démontre, comme je l'ai déjà annoncé, que le discriminant ne contient pas de facteurs multiples autres que u et $1-u^8$, dont le degré de multiplicité soit supérieur à deux.

» IV. Les valeurs de ω par lesquelles les racines du discriminant, en exceptant $u=0$, $u^8=1$, ont été exprimées sous la forme

$$u=\varphi(\omega),$$

présentent ce caractère que deux quantités $\varphi(\omega)$, $\varphi(\omega')$, sont essentiellement différentes du moment que ω et ω' ne dépendent pas de la même équation; et il en résulte, en premier lieu, que les valeurs communes que prennent respectivement deux racines de l'équation modulaire pour $u=\varphi(\omega)$ et $u=\varphi(\omega')$ ne pourront non plus jamais être égales. Ce point établi, j'observe ensuite que le déterminant Q^2-PR de l'équation $P\omega^2+2Q\omega+R=0$ étant résidu quadratique de n, la congruence $Px^2+2Qx+R\equiv 0 \bmod n$ admet, si P n'est pas multiple du module, deux solutions réelles qu'il sera toujours possible de représenter par des nombres multiples de 16 :

$$x\equiv\mu, \quad x\equiv\mu'.$$

Cela étant, les deux racines de l'équation modulaire, qui deviennent égales lorsqu'on fait $u=\varphi(\omega)$, seront

$$\varphi\left(\frac{\omega-\mu}{n}\right) \text{ et } \varphi\left(\frac{\omega-\mu'}{n}\right).$$

Et dans le cas où l'on suppose $P\equiv 0 \bmod n$, la congruence n'admettant plus qu'une solution $x\equiv\mu$, on aurait l'égalité

$$\varphi\left(\frac{\omega-\mu}{n}\right)=\left(\frac{2}{n}\right)\varphi(n\omega).$$

Mais on peut toujours faire en sorte d'exclure l'un des cas, de rester dans le premier, par exemple, en tirant l'équation en ω d'une forme quadratique (P, Q, R) où P ne soit pas divisible par n. Cela posé, l'équation modulaire ne saurait présenter non plus, quand on y fait $u=\varphi(\omega)$, une troisième racine $\varphi\left(\frac{\omega-\mu''}{n}\right)$ égale aux précédentes; car μ'' devrait nécessairement vérifier, ainsi que μ et μ', la congruence $Px^2+2Qx+R\equiv 0 \bmod n$, ce qui est impossible lorsqu'on suppose le module un nombre premier. Or, ayant démontré que les racines du discriminant ne différaient pas de l'ensemble des valeurs égales des racines $v_0, v_1, \ldots, v_n$, de l'équation modulaire, nous concluons qu'il n'existe pas de facteurs triples dans le discriminant précisément de ce que trois des quantités $v_0, v_1, \ldots, v_n$, ne peuvent jamais coïncider pour aucune valeur finie de ω. Ayant donc fait

$$D=u^{n+1}(1-u^8)^{n+\varepsilon}\theta^2(u),$$

nous pouvons regarder comme inégales toutes les racines de l'équation

$\theta(u) = 0$; et c'est la proposition que nous voulions établir afin d'arriver à celle-ci : *Pour tout nombre premier n, la somme des nombres d'équations déduites des classes quadratiques de la première série de déterminants* $-\Delta$, *et de la seconde série de déterminants* $-\Delta'$, *est égale au degré du polynôme* $\theta(u)$. Mais en considérant, pour plus de simplicité, les seules équations qui fournissent des valeurs distinctes de $\varphi^8(\omega)$, nous pouvons remplacer cet énoncé par le suivant :

» *Soient* σ_1 *et* σ_2 *les nombres de classes de la première série auxquelles correspondent deux ou six équations,* σ'_1 *et* σ'_2 *les quantités analogues dans la seconde série, on aura en tenant compte des classes dérivées de* $(1, 0, 1)$ *et* $(2, 1, 2)$, *la relation*

$$2(\sigma_1 + \sigma'_1) + 6(\sigma_2 + \sigma'_2) = \nu = \frac{n^2 - 1}{8} - \frac{n + \varepsilon}{2}.$$

» Tel est donc le théorème, essentiellement limité jusqu'ici au cas où n est premier, que nous allons vérifier par un certain nombre d'exemples, en donnant pour chacun d'eux la série des équations en ω, ce qui va nous conduire en même temps à présenter des applications des diverses règles énoncées précédemment pour la formation de ces équations.

» V. A cet effet, j'emploierai pour abréger la notation suivante. (A, B, C) étant une forme quelconque, je poserai

$$(C, -B, A) = (A, B, C)_1, \quad (A, -A + B, A - 2B + C) = (A, B, C)_2.$$

Il deviendra possible ainsi de rattacher immédiatement les équations aux formes réduites, par lesquelles il convient d'autant mieux de représenter les classes, qu'on obtiendra de la sorte les coefficients les plus simples et les valeurs de ω pour lesquelles les séries elliptiques présentent la plus grande convergence. Effectivement, si l'on se borne aux équations qui fournissent des valeurs distinctes de $\varphi^8(\omega)$, ou même à la seule équation type (voyez p. 35), elle sera toujours l'une de celles-ci :

$$(A, B, C) = 0, \quad (A, B, C)_1 = 0, \quad (A, B, C)_2 = 0,$$

les indéterminées x et y étant remplacées par ω et 1, et (A, B, C) étant une forme réduite. Je conviendrai enfin de les désigner seulement par leurs premiers membres et de représenter respectivement par Σ et Σ' pour la première et la seconde série de déterminants, les sommes de nombres d'équations donnant des valeurs distinctes de $\varphi^8(\omega)$, de sorte que la relation que nous nous proposons de vérifier sera

$$\Sigma + \Sigma' = \nu = \frac{n^2 - 1}{8} - \frac{n + \varepsilon}{2}.$$

» Cela posé, voici en commençant par les cas les plus simples les résultats que l'on obtient :

$$n = 3.$$

» Le nombre ν se réduit à zéro, $\theta(u)$ est une constante, et le discriminant de l'équation modulaire $u^4 - v^4 + 2uv(1 - u^2v^2) = 0$, ainsi que le donne facilement le calcul direct, est

$$D = u^4(1 - u^8)^2.$$

$$n = 5, \quad \nu = 1.$$

» La première série de déterminants fournit la seule valeur $\Delta = 1$, d'où la classe $(1, 0, 1)$, qui par exception donne au lieu de deux équations une seule, $(1, 0, 1)_2$. La seconde série de déterminants n'existe pas, et l'on obtient simplement

$$\theta(u) = 1 + u^8, \quad D = u^6(1 - u^8)^4(1 + u^8)^2.$$

$$n = 7, \quad \nu = 2.$$

» La première série existe seule et donne $\Delta = 3$, d'où les deux classes $(1, 0, 3)$, $(2, 1, 2)$. Mais on ne doit employer que la classe improprement primitive, qui, par exception encore, au lieu de six équations, n'en donne que deux, dont le type est $(2, 1, 2)$. La valeur D est

$$D = u^8(1 - u^8)^8(1 - u^8 + u^{16})^2.$$

$$n = 11, \quad \nu = 10.$$

» La première série donne $\Delta = 7$, et la classe improprement primitive $(2, 1, 4)$, d'où l'équation type $(2, 1, 4)_1$. On a donc $\Sigma = 2$. Dans la deuxième série $\Delta' = 24$, et l'on obtient les quatre équations types :

$$(1, 0, 24), \quad (3, 0, 8), \quad (4, 2, 7)_1, \quad (5, 1, 5)_2,$$

de sorte que $\Sigma' = 8$, $\Sigma + \Sigma' = 10$.

» On verra plus tard comment on parvient ensuite à l'expression :

$$\begin{aligned} D = u^{12}(1 - u^8)^{10}(16 - 31u^8 + 16u^{16})^2 \\ \times (1 - 301960u^8 + 3550492u^{16} + 1979782 1768u^{24} + 1301 7608 u^{32} \\ + 1979782 1 u^{40} + 3550492 u^{48} - 301960 u^{56} + u^{64})^2. \end{aligned}$$

» Pour les valeurs plus grandes de n, je résumerai les résultats dans le tableau suivant :

n	PREMIÈRE SÉRIE.	DEUXIÈME SÉRIE.	ν
13	$\Delta = 3$ $(2, 1, 2)$ $\Delta = 9$ $(1, 0, 9)_2\ (2, 1, 5)_1$ $(3, 0, 3)_2$ $\Sigma = 7$	$\Delta' = 40$ $(1, 0, 40)\ (5, 0, 8)\ (4, 2, 11)_1$ $(7, 3, 7)_2$ $\Sigma' = 8$	15
17	$\Delta = 13$ $(1, 0, 13)_2\ (2, 1, 7)_1$ $\Delta = 15$ $(2, 1, 8)_1\ (4, 1, 4)_2$ $\Sigma = 8$	$\Delta' = 72$ $(1, 0, 72)\ (3, 0, 24)\ (8, 0, 9)_1\ (4, 2, 19)_1$ $(9, 3, 9)_2\ (8, 4, 11)_1$ $\Delta' = 16$ $(1, 0, 16)\ (2, 0, 8)\ (4, 2, 5)_1$ $(4, 0, 4)_2$ $\Sigma' = 19$	27
19	$\Delta = 15$ $(2, 1, 8)_1\ (4, 1, 4)_2$ $\Delta = 21$ $(1, 0, 21)_2\ (3, 0, 7)_2$ $(2, 1, 11)_2\ (5, 2, 5)_2$ $\Sigma = 12$	$\Delta' = 88$ $(1, 0, 88)\ (8, 0, 11)_1\ (4, 2, 23)_1\ (8, 4, 13)_1$ $\Delta' = 48$ $(1, 0, 48)\ (2, 0, 24)\ (3, 0, 16)\ (4, 0, 12)$ $(6, 0, 8)\ (7, 1, 7)_2\ (4, 2, 13)_1\ (8, 4, 8)$ $\Sigma' = 24$	36
23	$\Delta = 19$ $(2, 1, 10)$ $\Delta = 33$ $(1, 0, 33)_2\ (3, 0, 11)_2$ $(2, 1, 17)_1\ (6, 3, 7)_1$ $\Delta = 15$ $(2, 1, 8)_1\ (4, 1, 4)_2$ $\Sigma = 18$	$\Delta' = 112$ $(1, 0, 112)\ (2, 0, 56)\ (4, 0, 28)_2\ (8, 0, 14)_1$ $(7, 0, 16)\ (4, 2, 29)_1\ (11, 3, 11)_2\ (8, 4, 16)$ $\Delta' = 120$ $(1, 0, 120)\ (3, 0, 40)\ (5, 0, 24)\ (8, 0, 15)_1$ $(11, 1, 11)_2\ (4, 2, 31)\ (8, 4, 17)_1\ (12, 6, 13)_1$ $\Sigma' = 36$	54
29	$\Delta = 25$ $(1, 0, 25)_2\ (2, 1, 3)_1$ $(5, 0, 5)_2$ $\Delta = 51$ $(2, 1, 26)\ (6, 3, 10)$ $\Delta = 45$ $(1, 0, 45)_2\ (3, 0, 15)_2\ (5, 0, 9)_2$ $(2, 1, 23)_1\ (7, 2, 7)_2\ (6, 3, 9)_1$ $\Delta = 7$ $(2, 1, 4)_1$ $\Sigma = 31$	$\Delta = 120$ $(1, 0, 120)\ (3, 0, 40)\ (5, 0, 24)\ (8, 0, 15)_1\ (11, 1, 11)_2\ (4, 2, 32)_1$ $(8, 4, 17)_1\ (12, 6, 13)_1$ $\Delta = 208$ $(1, 0, 208)\ (2, 0, 104)\ (4, 0, 52)\ (8, 0, 26)_1\ (13, 0, 16)$ $(11, 1, 29)_2\ (11, -1, 29)_2\ (7, 3, 31)_2\ (7, -3, 31)_2\ (4, 2, 53)_1\ (8, 4, 28)_1$ $(16, 8, 17)_1\ (14, 4, 16)\ (14; -4, 16)$ $\Delta = 168$ $(1, 0, 168)\ (8, 0, 21)_1\ (3, 0, 56)\ (7, 0, 24)\ (13, 1, 13)_2\ (4, 2, 43)_1$ $(8, 4, 23)_1\ (12, 6, 17)_1$ $\Sigma' = 60$	91

» Je remarquerai encore, avant de passer à d'autres points, comment on aurait pu être conduit par une voie entièrement arithmétique à la proposition dont il a été fait précédemment usage, et qui consiste en ce que l'ensemble des valeurs égales $\nu_0, \nu_1, \ldots, \nu_n$, ne diffère pas de la série des valeurs de u qui font acquérir à l'équation modulaire ces racines égales.

» Reprenons en effet l'équation $P\omega^2 + 2Q\omega + R = 0$ et la quantité $u = \varphi(\omega)$, à laquelle, ainsi qu'il a été dit tout à l'heure, correspondent les deux racines égales : $\varphi\left(\frac{\omega - \mu}{n}\right)$ et $\varphi\left(\frac{\omega - \mu'}{n}\right)$. En faisant

$$\frac{\omega - \mu}{n} = \varpi,$$

on aura

$$nP\omega^2 + 2(P\mu + Q)\varpi + \frac{P\mu^2 + 2Q\mu + R}{n} = 0,$$

équation dont les coefficients sont entiers, et qu'on peut regarder non-seulement comme déduite d'une forme quadratique de même déterminant que (P, Q, R), mais encore comme présentant tous les caractères propres aux équations en ω. Effectivement, n étant impair et μ un multiple de 16, il est clair qu'on aura

$$P\mu + Q \equiv Q \bmod 2, \qquad \frac{P\mu^2 + 2Q\mu + R}{n} \equiv R \bmod 4.$$

Si donc les deux formes (P, Q, R), $\left(nP, P\mu + Q, \frac{P\mu^2 + 2Q\mu + R}{n}\right)$ appartiennent à la même classe, on obtiendra précisément

$$\varphi^8(\omega) = \varphi^8(\varpi).$$

Mais en général elles ne seront pas équivalentes, et l'on pourra seulement dire que *toutes les valeurs de u qui auront été déduites d'un système de classes de même déterminant se reproduisent dans les valeurs égales correspondantes des racines $\nu_0, \nu_1, \ldots, \nu_n$.*

» VI. Une conséquence importante des résultats précédemment exposés consiste en ce que toutes les valeurs de $u^8 = \varphi^8(\omega)$ qui font acquérir des racines doubles à l'équation modulaire, représentent également des modules de fonctions elliptiques pour lesquels a lieu la multiplication complexe. Nous avons vu en effet que la quantité ω dépendait de la relation

$$A\omega^2 + 2B\omega + C = 0,$$

(A, B, C) étant une forme quadratique de déterminant négatif, ce qui est précisément le caractère essentiel de ces modules. Je vais donc présenter à l'égard des équations algébriques qui servent à les déterminer les remarques auxquelles j'ai été naturellement amené par les recherches précédentes, et qui serviront de complément aux théorèmes fondamentaux déjà donnés sur ce sujet par M. Kronecker.

» Voici d'abord un choix particulier dont je conviendrai pour les formes destinées à représenter les diverses classes quadratiques qui appartiennent au même déterminant. En désignant ces formes par (A, B, C) et faisant $\Delta = AC - B^2$, je supposerai, ce qui est toujours possible, que C soit pair et A impair, de sorte que dans le groupe proprement primitif (*) on aura, suivant que

$$\Delta \equiv 1 \bmod 4, \quad B \text{ et } \tfrac{1}{2}C \text{ impairs};$$

$$\Delta \equiv 2 \bmod 4, \quad B \text{ pair et } \tfrac{1}{2}C \text{ impair};$$

$$\Delta \equiv -1 \bmod 4, \quad B \text{ impair et } C \text{ multiple de } 4.$$

» En second lieu, et pour ce qui concerne le groupe improprement primitif, il ne sera posé aucune condition lorsque $\Delta \equiv 3 \bmod 8$; mais dans le cas de $\Delta \equiv -1 \bmod 8$, nous prendrons C impairement pair. Les formes ainsi choisies, et que nous garderons désormais pour représenter les classes, jouissent de cette propriété de conserver les mêmes caractères dans toutes leurs transformées par des substitutions au déterminant *un*, $x = \alpha X + \beta Y$, $y = \gamma X + \delta Y$, où β est pair, α et δ impairs. Cela posé, si l'on détermine ω en faisant $A\omega^2 + 2B\omega + C = 0$, (A, B, C) représentant successivement toutes les classes du groupe proprement primitif et de même déterminant $-\Delta$, les diverses quantités $x = \varphi^8(\omega)$ seront racines d'une équation qui sera réciproque, dont le degré sera double du nombre des classes et dont les coefficients seront entiers, en supposant celui de la puissance la plus élevée de x égal à l'unité.

» A l'égard du groupe improprement primitif, on obtiendra comme précédemment une équation réciproque dont le degré sera encore le double du nombre des classes, mais avec une puissance de 2 pour coefficient du premier terme lorsque $\Delta \equiv -1 \bmod 8$. Enfin si l'on suppose $\Delta \equiv 3 \bmod 8$, le degré sera six fois le nombre des classes, et tous les coefficients entiers, celui du premier terme étant l'unité.

(*) *Voyez* la note de la page 35.

» Voici maintenant la méthode par laquelle on peut obtenir ces équations dans tous les cas.

» VII. Convenons, pour mettre en évidence le déterminant des formes quadratiques dont elles dépendent principalement, de les désigner par

$$F_1(x, \Delta) = 0 \text{ lorsque } \Delta \equiv 1 \bmod 4,$$
$$F_2(x, \Delta) = 0 \text{ lorsque } \Delta \equiv 2 \bmod 4,$$

le groupe proprement primitif existant seul pour ces deux déterminants. Dans les cas suivants, ce sont les équations qui répondent aux formes du groupe improprement primitif qu'il convient de considérer, et nous les désignerons par

$$\mathfrak{F}_1(x, \Delta) = 0 \text{ lorsque } \Delta \equiv 3 \bmod 8,$$
$$\mathfrak{F}_2(x, \Delta) = 0 \text{ lorsque } \Delta \equiv -1 \bmod 8.$$

Cela posé, soit $\Theta(v, u) = 0$ l'équation modulaire pour la tranformation qui se rapporte à un nombre impair n quelconque. En joignant à cette équation celles-ci :

1°. $$u^4 = \frac{v^4 - 1}{v^4 + 1} \qquad u^8 = x,$$

2°. $$u^4 = -\frac{v^4 - 1}{v^4 + 1} \qquad u^8 = x,$$

3°. $$u^8 = \frac{1}{1 - v^8} \qquad u^8 = x,$$

4°. $$u^2 = \frac{1 - v^4}{2iv^2} \qquad u^8 = 1 - x,$$

on en déduira quatre équations en x, dont les premiers membres présenteront cette propriété remarquable d'être le produit de facteurs qui seront respectivement de la forme :

$$\left.\begin{array}{ll} 1^\circ. & F_1(x, \Delta) \\ 2^\circ. & F_2(x, \Delta) \\ 3^\circ. & \mathfrak{F}_1(x, \Delta) \\ 4^\circ. & x \text{ et } \mathfrak{F}_2(x, \Delta) \end{array}\right\} \Delta \text{ ayant les valeurs } \left\{\begin{array}{l} 2n-1,\ 2n-9,\ 2n-25, \ldots, \\ 2n,\ 2n-4,\ 2n-16, \ldots, \\ 4n-1,\ 4n-9,\ 4n-25, \ldots, \\ 8n-1,\ 8n-9,\ 8n-25, \ldots, \end{array}\right.$$

Il en résulte que les polynômes $F_1(x, \Delta)$, $F_2(x, \Delta)$, $\mathfrak{F}_1(x, \Delta)$, $\mathfrak{F}_2(x, \Delta)$, s'obtiennent en déterminant le plus grand commun diviseur entre les premiers membres de deux des équations que nous venons de considérer, et répondant à deux valeurs de n, qui seront successivement :

1°. $\frac{\Delta+\rho^2}{2}$, $\frac{\Delta+\rho'^2}{2}$, ρ et ρ' étant impairs;

2°. $\frac{\Delta+\rho^2}{2}$, $\frac{\Delta+\rho'^2}{2}$, ρ et ρ' étant pairs;

3°. $\frac{\Delta+\rho^2}{4}$, $\frac{\Delta+\rho'^2}{4}$, ρ et ρ' étant impairs;

4°. $\frac{\Delta+\rho^2}{8}$, $\frac{\Delta+\rho'^2}{8}$, ρ et ρ' étant impairs.

» Voici ensuite comment, sans changer leur degré, on déduira des deux équations $\mathfrak{F}_1(x, \Delta) = 0$, $\mathfrak{F}_2(x, \Delta) = 0$, qui se rapportent au groupe improprement primitif, celles qui correspondent au groupe proprement primitif. Dans les deux cas on calculera d'abord la transformée de degré sous-double en $z = \frac{1}{4}\left(x + 2 + \frac{1}{x}\right)$, puis on y remplacera z par $\left(\frac{x+1}{x-1}\right)^2$, ce qui ramènera au degré primitif (*). Enfin, pour passer des équations relatives au déterminant $-\Delta$ à celles qui concernent le déterminant -4Δ, on fera dans l'équation qui appartient au groupe proprement primitif des formes de déterminant $-\Delta$ la substitution

$$x = -\frac{1}{2} + \frac{y+1}{2\sqrt{y}}.$$

Et si l'on représente les classes de déterminant -4Δ, dont les trois termes ne sont pas pairs en même temps, par des formes (A, B, C), où C soit pair, A impair, en posant

$$A\omega^2 + 2B\omega + C = 0,$$

les quantités $\varphi^8(\omega)$ seront précisément les racines de l'équation en y. Elle est d'ailleurs évidemment d'un degré double de celui de l'équation en x, de même que le nombre des classes de déterminant -4Δ, dont il vient d'être question, est double du nombre des classes de déterminant $-\Delta$. L'application plusieurs fois répétée de ce procédé suffirait à donner les équations qui se rapportent aux déterminants multiples d'une puissance de 4. Mais ici il convient de distinguer ceux qui sont le quadruple d'un nombre impair de

(*) Ce calcul présente, à l'égard de l'équation $\mathfrak{F}_2(x, \Delta) = 0$, la circonstance remarquable que le coefficient de la puissance la plus élevée de x, qui était une puissance de deux, devient dans l'équation transformée égal à l'unité.

ceux qui sont multiples de 8. C'est aux premiers que s'applique spécialement la méthode qui vient d'être indiquée; et dorénavant les équations qui leur correspondent seront désignées par $F_3(x, \Delta) = 0$. En représentant par $F_4(x, \Delta) = 0$ celles qui concernent les déterminants multiples de 8, on a en effet cette proposition que le premier membre de l'équation en x qui résulte du système

$$\Theta(v, u) = 0, \quad u^2 = \frac{v^2 - 1}{v^2 + 1}, \quad u^8 = x,$$

analogue à ceux qui ont été considérés tout à l'heure, est le produit de facteurs de la forme $F_4(x, \Delta)$, Δ prenant la suite des valeurs $4(n-1)$, $4(n-9)$, $4(n-25)$, etc. Je n'insiste pas en ce moment sur les conséquences à déduire de là, non plus que sur beaucoup de questions importantes pour la théorie des formes quadratiques auxquelles conduisent les résultats précédents (*), et je me bornerai à remarquer que des propositions énoncées sur les réunions d'ordres nommées *groupes proprement* et *improprement primitifs*, on conclut immédiatement les suivantes :

» *Ayant représenté le système des classes de l'ordre proprement primitif pour un déterminant quelconque par des formes* (A, B, C), *où* C *est pair*, A *impair*, *les quantités* $\varphi^8(\omega)$, *en définissant* ω *par les relations* $A\omega^2 + 2B\omega + C = 0$, *sont racines d'une équation réciproque à coefficients entiers dont le degré est précisément double du nombre des classes.*

» *Et de même, si l'on représente les classes de l'ordre improprement primitif de déterminant* $\Delta \equiv -1 \bmod 8$ *par des formes* (A, B, C), *où* C *est impairement pair, on obtiendra une équation réciproque dont le degré sera encore double du nombre des classes.*

» *Mais pour l'ordre improprement primitif de déterminant* $\equiv 3 \bmod 8$, *le degré est six fois le nombre des classes.*

» *On peut enfin supposer égal à l'unité le coefficient du premier terme dans ces équations, sauf pour celles qui répondent à l'ordre improprement primitif, où il est une puissance de* 2 *lorsque* $\Delta \equiv -1 \bmod 8$.

» VIII. La principale propriété du polynôme $\mathfrak{F}_1(x, \Delta)$ consiste en ce qu'il se décompose en facteurs du sixième degré de cette forme remarquable

$$(x^2 - x + 1)^3 + \alpha(x^2 - x)^2,$$

(*) En particulier pour les sommations analogues à celles qui ont été données pour la première fois par M. Kronecker.

de sorte que la substitution $y = \frac{(x^2 - x + 1)^3}{(x^2 - x)^2}$ ramène l'équation $\mathfrak{F}_1(x, \Delta) = 0$ à un degré précisément égal au nombre des classes improprement primitives de déterminant $-\Delta$. Cela résulte de ce qu'on peut réunir les racines en groupes, où elles sont représentées par l'expression $\varphi^8\left(\frac{c + d\omega}{a + b\omega}\right)$, a, b, c, d étant des nombres entiers quelconques, tels que $ad - bc = 1$. Or en faisant $\varphi^8(\omega) = \rho$, cette expression représente les six valeurs distinctes

$$\rho, \quad \frac{1}{\rho}, \quad 1 - \rho, \quad \frac{1}{1 - \rho}, \quad \frac{\rho}{\rho - 1}, \quad \frac{\rho - 1}{\rho},$$

et telles seront les racines de l'équation $(x^2 - x + 1)^3 + \alpha(x^2 - x)^2 = 0$, car on vérifie immédiatement qu'elle reste la même quand on y remplace x par $\frac{1}{x}$, $1 - x$, et dès lors par les substitutions composées de celles-là, savoir $\frac{1}{1 - x}$, $\frac{x}{x - 1}$, $\frac{x - 1}{x}$. D'ailleurs ρ étant seul arbitraire, cette équation, qui contient une indéterminée α, aura bien la forme analytique la plus générale. Elle se présente au reste d'elle-même, en recherchant dans les cas les plus simples le polynôme $\mathfrak{F}_1(x, \Delta)$. Partons, par exemple, des équations modulaires pour $n = 3$ et $n = 5$, auxquelles on doit joindre, d'après ce qui a été dit : $u^8 = x = \frac{1}{1 - v^8}$. Parmi les diverses formes dont elles sont susceptibles, je choisirai celles que Jacobi obtient en faisant $q = 1 - 2k^2$, $l = 1 - 2\lambda^2$, savoir :

$$(q - l)^4 = 64(1 - q^2)(1 - l^2)(3 + ql),$$

$$(q - l)^6 = 256(1 - q^2)(1 - l^2)[16ql(9 - ql)^2 + 9(45 - ql)(q - l)^2].$$

En effet, ces quantités s'obtiennent immédiatement en x, et en substituant les valeurs

$$q = 1 - 2x, \quad l = \frac{x + 1}{x - 1},$$

d'où

$$q - l = 2\frac{x^2 - x + 1}{1 - x},$$

la première équation donne

$$(x^2 - x + 1)[(x^2 - x + 1)^3 + 2^7(x^2 - x)^2] = 0,$$

et la seconde

$$[(x^2 - x + 1)^3 + 2^7(x^2 - x)^2][(x^2 - x + 1)^3 + 2^7.3^3(x^2 - x)^2] = 0.$$

Le facteur commun aux deux cas répond à $\Delta = 11$, et les autres aux déterminants -3, -19. Pour $\Delta = 27$, on trouverait

$$(x^2 - x + 1)^3 + 2^7.5^3.3(x^2 - x)^2 = 0.$$

En général, lorsque l'ordre improprement primitif de déterminant $-\Delta$ sera formé de la seule classe $\left(2, 1, \frac{\Delta+1}{2}\right)$, α sera un nombre entier qu'on pourra calculer en exprimant que l'équation est vérifiée pour $x = \varphi^8(\omega)$, ou d'après la condition $2\omega^2 + 2\omega + \frac{\Delta+1}{2} = 0$, $\omega = \frac{-1+i\sqrt{\Delta}}{2}$. Soit donc $q = e^{i\pi\omega}$, on trouvera, en employant l'expression de Jacobi,

$$\sqrt[4]{kk'} = \sqrt{2}.\sqrt[8]{q}\frac{\Sigma(-1)^i q^{2i^2+i}}{\Sigma q^{i^2}}:$$

cette valeur où n'entre que q^2 :

$$2^8\alpha = -\frac{1}{q^2}\frac{(1 + 2^4.3.5q^2 + 2^4.3^3.5.q^4 + 2^6.3.5.7.q^6 + \ldots)^3}{(1 - 3q^2 + 5q^6 - 6q^{10} + \ldots)^8},$$

et par suite, en remarquant que $q^2 = -e^{-\pi\sqrt{\Delta}}$,

$$2^8.\alpha = e^{\pi\sqrt{\Delta}} - 744 + \frac{196880}{e^{\pi\sqrt{\Delta}}} + \ldots.$$

Or, depuis $\Delta = 19$, les termes de la série, à partir du troisième, n'influent plus sur la partie entière, de sorte qu'on a exactement, en désignant par a le nombre entier immédiatement supérieur à $e^{\pi\sqrt{\Delta}}$,

$$\alpha = \frac{a - 744}{2^8}.$$

D'ailleurs ces termes négligés décroissent avec une grande rapidité lorsque Δ augmente; il en résulte que la transcendante numérique $e^{\pi\sqrt{\Delta}}$ approche alors extrêmement d'un nombre entier. Soit par exemple $\Delta = 43$, qui donne une seule classe improprement primitive, on trouve

$$e^{\pi\sqrt{43}} = 884736743,9997775\ldots,$$

et $\alpha = 2^{10}.3^3.5^3$. Les déterminants -67 et -163 sont dans le même cas, de sorte que dans la quantité $e^{\pi\sqrt{163}}$, la partie décimale commencerait par une suite de douze chiffres égaux à 9.

» IX. L'étude des fonctions $F_1(x, \Delta)$ et $F_2(x, \Delta)$, qui se présentent avec les mêmes propriétés, conduit à des résultats analogues à ceux que nous venons d'indiquer relativement à $\mathcal{F}_1(x, \Delta)$, tandis que $\mathcal{F}_2(x, \Delta)$, qui correspond à l'ordre improprement primitif des classes de déterminant $-\Delta$, dans le cas de $\Delta \equiv -1 \bmod 8$, semble devoir rester entièrement en dehors de cette analogie. Réservant pour un autre moment l'étude de cette fonction, je me bornerai maintenant aux résultats qui concernent les deux premières, et dont voici la principale propriété :

» Si l'on excepte les cas de $\Delta = 1$, $\Delta = 2$, l'ensemble de leurs racines peut être décomposé en groupes, qui chacun en comprennent quatre que l'on peut représenter ainsi :

$$\rho, \quad \left(\frac{1-\sqrt{\rho}}{1+\sqrt{\rho}}\right)^2, \quad \frac{1}{\rho}, \quad \left(\frac{1+\sqrt{\rho}}{1-\sqrt{\rho}}\right)^2.$$

Il s'ensuit qu'elles sont décomposables en facteurs du quatrième degré de cette forme :

$$(x+1)^4 + \alpha x (x-1)^2,$$

et qu'on peut ramener les deux équations $F_1(x, \Delta) = 0$, $F_2(x, \Delta) = 0$ à un degré quatre fois moindre, moitié par conséquent du nombre des classes de déterminant $-\Delta$, par la substitution $y = \frac{(x+1)^4}{x(x-1)^2}$.

» Les considérations arithmétiques qui conduisent à ce résultat montrent en même temps que le nombre des classes de déterminant $-\Delta$ est toujours pair lorsque $\Delta \equiv 1$ ou $\equiv 2 \bmod 4$, sauf les exceptions ci-dessus mentionnées de $\Delta = 1$, $\Delta = 2$. S'il se réduit à deux, α sera un nombre entier, qu'on pourra calculer comme il suit :

$$1^\circ. \quad \Delta \equiv 1 \quad \bmod 4.$$

» Les deux classes sont alors représentées par les formes réduites :

$$(1, 0, \Delta), \quad \left(2, 1, \frac{\Delta+1}{2}\right),$$

et la première donne l'équation

$$(1, 0, \Delta)_2 = 0,$$

d'où

$$\omega = 1 + i\sqrt{\Delta}.$$

» Il suffit donc d'exprimer que $(x+1)^4 + \alpha x(x-1)^2 = 0$ a lieu pour $x = \varphi^8(\omega)$, ce qui donne, en faisant $q = e^{i\pi\omega}$,

$$16\alpha = -\left(\frac{1}{q} + 104 + 4372q + 96256q^2 + \ldots\right),$$

et par suite comme d'après la valeur de ω, $q = -e^{-\pi\sqrt{\Delta}}$,

$$16\alpha = e^{\pi\sqrt{\Delta}} - 104 + \frac{4372}{e^{\pi\sqrt{\Delta}}} - \frac{96256}{e^{2\pi\sqrt{\Delta}}} + \ldots.$$

Or depuis $\Delta = 9$, on peut se borner aux deux premiers termes de cette suite, et si l'on désigne par a le nombre entier immédiatement supérieur à $e^{\pi\sqrt{\Delta}}$, on aura exactement

$$\alpha = \frac{a - 104}{16}.$$

» Les déterminants, qui ne donnent ainsi que deux classes dans l'ordre primitif et auxquels on pourra appliquer cette formule, sont

$$-5, \quad -9, \quad -13, \quad -25, \quad -37, \text{ etc.}$$

» Par la méthode algébrique indiquée plus haut, § VII, on obtient les résultats suivants que l'emploi de la formule pourra servir à vérifier, savoir (*) :

$$(x+1)^4 + 2^6 x(x-1)^2 = 0 \qquad \Delta = 5,$$
$$(x+1)^4 + 3.2^8 x(x-1)^2 = 0 \qquad \Delta = 9,$$
$$(x+1)^4 + 3^4.2^6 x(x-1)^2 = 0 \qquad \Delta = 13,$$
$$(x+1)^4 + 5.3^4.2^7 x(x-1)^2 = 0 \qquad \Delta = 25.$$

2°. $\Delta \equiv 2 \mod 4$.

» Les deux classes, qu'on suppose seules exister, sont représentées par

---

(*) En l'appliquant au cas de $\Delta = 37$, on aura l'occasion de vérifier que dans la quantité $e^{\pi\sqrt{37}} + \dfrac{4372}{e^{\pi\sqrt{37}}}$, la partie décimale commence par onze zéros.

les formes

$$(1,\ 0,\ \Delta),\quad \left(2,\ 0,\ \frac{1}{2}\Delta\right);$$

à la première correspond la valeur

$$\omega = i\sqrt{\Delta},$$

d'où

$$q = e^{-\sqrt{\Delta}},$$

et, tout à fait comme précédemment, on est conduit à l'expression

$$16\alpha = -\left(e^{\pi\sqrt{\Delta}} + 104 + \frac{4372}{e^{\pi\sqrt{\Delta}}} + \frac{96256}{e^{2\pi\sqrt{\Delta}}} + \dots\right).$$

» En désignant encore par a le nombre entier immédiatement supérieur à $e^{\pi\sqrt{\Delta}}$, on aura la formule

$$\alpha = -\frac{a+104}{16},$$

qui sera applicable à partir de $\Delta = 10$.

» Les déterminants qui ne fournissent que deux classes dans l'ordre primitif, seront

$$-6,\quad -10,\quad -18,\quad -22,\quad -58,\ \text{etc.},$$

si on les joint aux précédents, ainsi qu'à ceux dont il a déjà été question à propos du polynôme $\mathfrak{F}_1(x, \Delta)$, on aura autant de cas dans lesquels $e^{\pi\sqrt{\Delta}}$ approche d'autant plus d'un nombre entier que Δ sera plus grand; ainsi, par exemple, dans la quantité $e^{\pi\sqrt{58}}$ la partie décimale commence par sept chiffres égaux à 9.

» Voici les équations auxquelles on parvient, comme on va le voir, par la méthode algébrique générale, savoir :

$$x^2 - 6x + 1 = 0 \qquad \Delta = 2,$$
$$(x+1)^4 - 3^2.\ 2^4.\ x(x-1)^2 = 0 \qquad \Delta = 6,$$
$$(x+1)^4 - 5^2.\ 2^2.\ x(x-1)^2 = 0 \qquad \Delta = 10,$$
$$(x+1)^4 - 7^2.\ 2^4.\ x(x-1)^2 = 0 \qquad \Delta = 18,$$
$$(x+1)^4 - 11^2.\ 3^4.\ 2^4\, x(x-1)^2 = 0 \qquad \Delta = 22.$$

On remarquera que le coefficient numérique $-\alpha$ est toujours un carré divisible par Δ, sauf le cas du déterminant -18, le seul qui, n'étant pas le double d'un nombre premier, ne renferme cependant que deux classes dans l'ordre primitif. Mais lorsqu'on a $\Delta \equiv 1 \bmod 4$, c'est la quantité $\alpha + 16$ qui contient Δ en facteur lorsqu'il est un nombre premier, et le quotient $\frac{\alpha+16}{\Delta}$ se présente toujours comme égal à un carré. La même circonstance se remarque dans les équations

$$(x^2 - x + 1)^3 + \alpha(x^2 - x)^2 = 0;$$

à l'égard de la quantité $4\alpha + 27$ (*), qui est également le produit de Δ par un carré, lorsque Δ est un nombre premier.

» X. Le calcul des polynômes $F_1(x, \Delta)$ et $F_2(x, \Delta)$ repose, comme il a été dit, sur la formation de l'équation qui résulte du système

$$\Theta(v, u) = 0, \quad u^4 = \frac{v^4 - 1}{v^4 + 1},$$

ou

$$\Theta(v, u) = 0, \quad u^4 = -\frac{v^4 - 1}{v^4 + 1},$$

en faisant $u^8 = x$ (**). Les quantités Δ, qui répondent dans les deux cas aux valeurs de n pour lesquelles on possède l'équation modulaire, sont indiquées dans ce tableau :

(*) L'identité

$$4[(x^2 - x + 1)^3 + \alpha(x^2 - x)^2] = (2x^3 - 3x^2 - 3x + 2)^2 + (4\alpha + 27)(x^2 - x)^2$$

en montre l'origine, et donne en même temps une résolution facile des équations $\mathfrak{F}_1(x, \Delta) = 0$, lorsqu'elles sont du 6ᵉ degré.

(**) Le système $\Theta(v, u) = 0$, $v = \frac{e^{\frac{i\pi}{8}}}{u}$, $u^8 = x$, donne aussi une équation en x dont le premier membre est le produit de facteurs qui sont tous de la forme $F_1(x, \Delta)$ ou $F_2(x, \Delta)$. Le premier cas a lieu lorsque le nombre n, qui désigne l'ordre de la transformation à laquelle se rapporte l'équation modulaire, est $\equiv 1 \bmod 4$, et alors $\Delta = n - \rho^2$, ρ étant impair. Si $n \equiv -1 \bmod 4$, ce sont les facteurs $F_2(x, \Delta)$ qui se présentent, Δ étant encore $n - \rho^2$, mais ρ devant être supposé pair.

n	$\Delta \equiv 1 \pmod 4$.	$\Delta \equiv 2 \pmod 4$.
3	5	2, 6
5	1, 9	6, 10
7	5, 13	10, 14
11	13, 21	6, 18, 22
13	1, 17, 25	10, 22, 26
17	9, 25, 33	18, 30, 34
19	13, 27, 39	2, 22, 34, 38

» On y remarque que $n = 11$ conduit à trois déterminants $\equiv 2 \bmod 4$, auxquels correspondent seulement deux classes dans l'ordre primitif, le déterminant -18 fournissant en outre une classe dérivée de $(1, 0, 2)$. Ce cas donnera donc les polynômes $F_2(x, \Delta)$ pour les valeurs $\Delta = 2, 6, 18, 22$, et nous le choisirons comme exemple de la marche qu'on peut suivre dans ce genre de calcul.

» J'observe à cet effet qu'en disposant dans un ordre convenable les termes de l'équation donnée par M. Sohnke, on peut l'écrire :

$$\begin{aligned}&v^{12} - u^{12} + 44u^6v^6(v^4 - u^4) + 165u^4v^4(v^4 - u^4) + 44u^2v^2(v^4 - u^4)\\ &+ 32u^{11}v^{11} - 22u^3v^3(v^8 + u^8) + 88u^9v^9 + 132u^7v^7 - 132u^5v^5 - 88u^3v^3\\ &+ 22uv(v^8 + u^8) - 32uv = 0,\end{aligned}$$

ou bien, en mettant en évidence le facteur $v^4 - u^4$,

$$\begin{aligned}&(v^4 - u^4)(v^8 + u^8 + 44u^6v^6 + 166u^4v^4 + 44u^2v^2)\\ &+ 32u^{11}v^{11} - 22u^3v^3(v^8 + u^8) + 88u^9v^9 + 132u^7v^7 - 132u^5v^5 - 88u^3v^3\\ &+ 22uv(v^8 + u^8) - 32uv = 0.\end{aligned}$$

» Or en faisant $uv = w$, la relation

$$u^4 = -\frac{v^4 - 1}{v^4 + 1},$$

ou

$$u^4 v^4 + u^4 + v^4 - 1 = 0,$$

donne

$$v^4 + u^4 = 1 - w^4,$$
$$v^8 + u^8 = 1 - 4w^4 + w^8,$$
$$v^4 - u^4 = \sqrt{1 - 6w^4 + w^8};$$

de sorte qu'on peut immédiatement déduire de l'équation modulaire une relation contenant seulement w, savoir :

$$\sqrt{1 - 6w^4 + w^8}\,(w^8 + 44w^6 + 162w^4 + 44w^2 + 1)$$
$$+ 10w\,(w^{10} + 11w^8 + 22w^6 - 22w^4 - 11w^2 - 1) = 0.$$

Or, en faisant disparaître le radical on parvient à une équation réciproque en w^2, ce qui conduit à poser

$$w^2 + \frac{1}{w^2} = z,$$

et on trouve ainsi :

$$(z^2 - 8)(z^2 + 44z + 160)^2 - 100\,(z - 2)(z^2 + 12z + 32)^2 = 0$$

ou

$$z\,(z + 4)^2\,(z - 20)\,(z^2 + 192) = 0.$$

» Maintenant nous observerons qu'en faisant $u^8 = x$, on a

$$w^4 = \sqrt{x}\,\frac{1 - \sqrt{x}}{1 + \sqrt{x}} \quad \text{et} \quad w^4 + \frac{1}{w^4} - 2 = \frac{(x + 1)^2}{\sqrt{x}\,(x - 1)}.$$

» Ainsi l'expression $\dfrac{(x + 1)^4}{x\,(x - 1)^2}$ dont il a été déjà parlé comme entrant essentiellement dans la composition des équations que nous voulons obtenir, se présente ici d'elle-même, et puisque

$$w^4 + \frac{1}{w^4} - 2 = z^2 - 4,$$

la quantité α sera liée à z par cette relation très-simple $\alpha = -(z^2 - 4)^2$. Il en résulte que l'équation en x est le produit des facteurs suivants :

$$(x+1)^4 - 2^4 x(x-1), \quad [(x+1)^4 - 3^2.2^4 x(x-1)^2]^2,$$
$$[(x+1)^4 - 7^4.2^4 x(x-1)^2]^2$$

et

$$(x+1)^4 - 11^2.3^4.2^4 x(x-1)^2,$$

le dernier qui répond à la valeur la plus élevée de Δ, étant le seul qui n'entre pas au carré, car $(x+1)^4 - 2^4 x(x-1)^2 = (x^2 - 6x + 1)^2$. Et comme ils sont écrits en suivant l'ordre des valeurs croissantes de la quantité α, ils correspondent respectivement à $\Delta = 2, 6, 18, 22$, puisque, abstraction faite du signe, α augmente avec Δ d'après la relation

$$16\alpha = -\left(e^{\pi\sqrt{\Delta}} + 104 + \ldots\right).$$

» XI. Le polynôme $\mathfrak{F}_2(x, \Delta)$, dans le cas le plus simple où l'on a $\Delta = 7$, s'obtient immédiatement par les équations fondamentales

$$u^2 = \frac{1 - v^2}{2iv^2}, \quad u^8 = 1 - x,$$

en supposant $v = u$, et supprimant dans le résultat le facteur x. On trouve ainsi l'équation

$$16x^2 - 31x + 16 = 0.$$

Pour les valeurs suivantes de Δ, le calcul devient plus difficile, et c'est en recourant à des méthodes particulières, que le P. Joubert, dans un travail important sur le discriminant des équations en $U = \sqrt[4]{kk'}$ et $V = \sqrt[4]{\lambda\lambda'}$, a réussi à obtenir ces polynômes pour $\Delta = 15, 23, 31$. Je me bornerai à donner l'idée de ces procédés et des méthodes variées qu'on peut suivre dans ces recherches en considérant le cas de $\Delta = 15$.

» Alors on a dans l'ordre improprement primitif, deux formes conduisant aux équations types

$$(2, 1, 8)_1 = 0, \quad (4, 1, 4)_2 = 0;$$

et si l'on fait pour un instant $(4, 1, 4) = 0$, ou $2\omega^2 + \omega + 2 = 0$ et $\xi = \varphi^2(\omega)\psi^2(\omega)$, on trouvera très-aisément l'équation en ξ, en remarquant qu'on peut écrire

$$2\omega + 1 = -\frac{2}{\omega},$$

d'où

$$\psi(2\omega+1)=\psi\left(-\frac{2}{\omega}\right)=\varphi\left(\frac{2}{\omega}\right),$$

et, par suite, en élevant à la puissance quatrième,

$$\frac{1+\psi^4(\omega)}{2\psi^2(\omega)}=\frac{2\varphi^2(\omega)}{1+\varphi^4(\omega)}.$$

Comme on a d'ailleurs $[\varphi^4(\omega)+\psi^4(\omega)]^2=1+2\xi^2$, on trouvera

$$1+\xi^2+\sqrt{1+2\xi^2}=4\xi,$$

ce qui donne

$$(\xi-2)(\xi^2-6\xi+4)=0.$$

» Le facteur du second degré convient seul, et on en tire l'équation en x, en remarquant qu'on doit supposer $x=\varphi^8(\omega+1)=\frac{\varphi^8(\omega)}{\varphi^8(\omega)-1}$, de sorte qu'on aura

$$\xi^4=\frac{x}{(x-1)^2},$$

et, par suite,

$$2^8(x-1)^4-2^4.47\,x(x-1)^2+x^2=0.$$

» Cette équation, conformément à ce qu'on a dit en général, a pour coefficient de x^4 une puissance de 2, et la forme particulière sous laquelle elle se présente permettra d'en déduire très-facilement la transformée, qui correspond à l'ordre proprement primitif (*), savoir :

$$(x-1)^4-2^8.47\,x(x-1)^2+2^{16}x^2=0,$$

et de vérifier ainsi que dans cette transformée le coefficient de la puissance la plus élevée de x redevient égal à l'unité.

» XII. Nous possédons maintenant tous les éléments qui figurent dans le discriminant de l'équation modulaire du 12e degré, qui sont les facteurs relatifs à l'ordre improprement primitif de déterminant -7, et à l'ordre primitif de déterminant -24. Le premier, comme on vient de le trouver, est $16x^2-31x+16$. Le second doit être tiré de l'équation

$$(x+1)^4-3^2.2^4\,x(x-1)^2=0,$$

(*) Voyez § VII, p. 45.

qui correspond au déterminant -6, en y remplaçant x par $\frac{1}{2}+\frac{x+1}{4\sqrt{x}}$, et faisant disparaître $\sqrt{x}$ par l'élévation au carré. On trouve ainsi l'expression

$$\begin{aligned} & x^8 - 301960x^7 + 3550492x^6 + 19797821768x^5 + 13017608x^4 \\ & + 19797821768x^3 + 3550492x^2 - 301960x + 1; \end{aligned}$$

ce qui conduit au résultat déjà donné, et qu'il eût été bien difficile, comme on voit, de tirer algébriquement de l'équation modulaire. Nous allons indiquer, avant de passer à d'autres recherches, un moyen de le vérifier.

» XIII. En désignant par D le produit des carrés des différences des racines de l'équation modulaire $\Theta(v,u)=0$ de degré $n+1$, lorsqu'on suppose n un nombre premier, faisons pour un instant

$$\mathcal{D}=\sqrt{(-1)^{\frac{n-1}{2}}\frac{D}{n^n}}.$$

Cette expression sera non-seulement rationnelle et entière en u, puisque D est un carré parfait, mais les coefficients des diverses puissances de u seront eux-mêmes des nombres entiers. Or, en remplaçant ces puissances par leurs expressions sous forme de séries infinies en fonction de $q=e^{i\pi\omega}$, on parvient à un résultat dont la valeur, par rapport au module premier n, s'obtient comme il suit.

» Faisons

$$\begin{aligned} f(q) &= \frac{(1+q^2)(1+q^4)(1+q^6)\dots}{(1+q)(1+q^3)(1+q^5)\dots} \\ &= 1-q+2q^2-3q^3+4q^4-6q^5+\dots, \end{aligned}$$

et par conséquent

$$u=\varphi(\omega)=\sqrt{2}\,\sqrt[8]{q}\,f(q)$$

on aura cette congruence

$$\mathcal{D}\equiv 2^{\frac{n^2-1}{4}}\left(\sqrt{2}\,\sqrt[8]{q}\right)^{\frac{n+1}{2}}\left[f(q)+8qf'(q)\right]^{\frac{n-1}{2}}\left[f(q)-\left(\frac{2}{n}\right)q^{\frac{n^2-1}{8}}f(q^{n^2})\right]\bmod n,$$

dans laquelle le coefficient de la puissance la moins élevée de q a été conservée sans addition ni suppression de multiples de n, ce qui permet de déterminer le facteur numérique qui doit être joint aux divers polynômes en u, que maintenant nous connaissons dans les cas de $n = 3, 5, 7, 11$, afin d'obtenir précisément la valeur de Φ. Ce facteur, comme on voit, est toujours une puissance de 2; ainsi dans le cas de $n = 11$, on aura

$$\Phi = 2^{26} u^6 (1 - u^8)^5 (16 - 31 u^8 + 16 u^{16})(1 - 301960 u^8 + \ldots).$$

On pourrait aussi présenter le second membre de la congruence précédente sous cette autre forme

$$2^{\frac{n^2-1}{4}} \left(\frac{8}{i\pi}\frac{d\varphi}{d\omega}\right)^{\frac{n-1}{2}} \left[\varphi(\omega) - \left(\frac{2}{n}\right)\varphi(n^2\omega)\right];$$

mais c'est la première qu'il convient d'employer pour vérifier, comme nous l'avons annoncé, le discriminant de l'équation modulaire du 12e degré. Je remarque à cet effet que le polynôme $1 - 301960 u^8 + 3556492 u^{16} +$ etc. se réduit suivant le module 11 à cette expression simple

$$1 + u^8 - u^{24} - u^{32} - u^{40} + u^{56} + u^{64}$$

et qu'on trouvera par suite

$$\Phi \equiv u^6 (1 + 3u^8 - 3u^{24} - 3u^{32} + u^{40} + \ldots) \bmod 11.$$

» Maintenant si l'on met à la place des diverses puissances de u leurs développements en fonctions de q, il viendra

$$\Phi \equiv (\sqrt{2}\sqrt[8]{q})^6 (1 - 2q + 4q^2 + 3q^3 + 4q^4 + 3q^5 + \ldots).$$

Or, c'est précisément le résultat auquel conduit la congruence, en faisant les développements indiqués, d'où résulte la vérification que nous désirions obtenir.

» XIV. C'est à ce point que je me suis arrêté jusqu'ici dans l'étude des équations modulaires, et il ne me reste plus, en considérant en particulier celles du sixième, du huitième et du douzième degré, qu'à donner la méthode que j'ai suivie pour en déduire des réduites d'un degré moindre d'une unité. Galois, ainsi que je l'ai déjà dit au commencement de ces recherches, a le premier découvert le fait si remarquable de cette réduction, au double point de vue de la théorie des fonctions elliptiques et de l'algèbre, et voici, dans ses idées, le théorème qui sert de principe fondamental.

» Remarquons préalablement que les racines de l'équation modulaire sont représentées par

$$v = u^n (\sin \operatorname{coam} 2\rho \sin \operatorname{coam} 4\rho \ldots \sin \operatorname{coam} (n-1)\rho),$$

en faisant

$$\rho = \frac{m\mathrm{K} + m' i\mathrm{K}'}{n},$$

où m et m' sont deux nombres entiers qu'on peut multiplier par un même facteur sans changer la valeur de v. Il en résulte que c'est uniquement le rapport $\frac{m'}{m}$ qui définit chaque racine, et comme les deux termes sont pris suivant le module n, il reçoit d'une part la valeur ∞ pour $m \equiv 0$, et de l'autre la série des n nombres entiers $0, 1, 2, \ldots, n-1$. On est donc conduit naturellement, pour représenter les racines de l'équation modulaire, à la notation v_k, k désignant $\frac{m'}{m}$ et devant représenter les $n+1$ valeurs ∞, $0, 1, 2, \ldots, n-1$. Cela posé, voici la proposition de Galois :

» *Toute fonction rationnelle non symétrique des racines* v_k *qui ne change pas en remplaçant les divers indices* k *par* $\frac{ak+b}{ck+d}$, a, b, c, d *étant des nombres entiers pris suivant le module* n, *et le déterminant* $ad - bc$ *n'étant pas* $\equiv 0$ (*), *sera exprimable en fonction rationnelle de* u (**).

» J'ajouterai la remarque que ce théorème subsiste en particularisant la substitution $\frac{ak+b}{ck+d}$, de manière que $ad - bc$ soit résidu quadratique de n, pourvu qu'on s'adjoigne le radical $\sqrt{(-1)^{\frac{n-1}{2}} n}$. Tel est, par exemple, le produit des différences des racines $\Pi(v_k - v_{k'})$, qui change de signe ou se reproduit exactement, lorsqu'en remplaçant k par $\frac{ak+b}{ck+d}$, $ad - bc$ est

(*) M. Serret a fait des substitutions de cette forme l'objet de ses recherches dans plusieurs articles publiés dans les *Comptes rendus*, t. XLVIII, séances des 10, 17 et 24 janvier 1859.

(**) Une démonstration de ce théorème important a été donnée par le P. Joubert dans un travail que j'ai déjà cité (p. 12).

non résidu ou résidu quadratique de n, et qui s'exprime, comme on l'a vu § XIII par une fonction rationnelle de u à coefficients entiers, mais affectée du facteur $\sqrt{(-1)^{\frac{n-1}{2}} n}$. En effet, nommant F et F′ les deux valeurs que peut prendre une fonction rationnelle des racines invariable par les substitutions où $ad - bc$ est résidu, les deux expressions $F + F'$, $\frac{F - F'}{\Pi(v_k - v_{k'})}$ resteront invariables pour la totalité des substitutions, et s'exprimeront rationnellement en u, d'après la proposition de Galois; il en résulte que F et F′ s'exprimeront elles-mêmes sous la forme annoncée.

» Ce point essentiel établi, la question de l'abaissement des équations modulaires à un degré moindre d'une unité dépend d'une étude plus approfondie des substitutions $\frac{ak + b}{ck + d}$, et dont quelques traces seulement subsistent dans ce qui nous a été conservé des travaux de Galois. C'est en suivant la voie qu'elles indiquent, que M. Betti a retrouvé l'importante proposition relative aux équations du sixième, du huitième et du douzième degré, et l'extrait suivant d'une Lettre que m'a fait l'honneur de m'adresser ce savant géomètre montrera comment de cette manière se présentent les résultats auxquels de mon côté je parvenais par une méthode toute différente :

« Pise, 24 mars 1859.

» Dans un Mémoire *Sopra l'abassamento dell' equazioni modulari*, publié
» en 1853 dans les *Annali di Tortolini*, j'ai fait l'étude des substitutions
» (1) $\frac{ak + b}{ck + d}$, pour démontrer la possibilité de l'abaissement des équations
» modulaires, et j'ai obtenu les résultats que vous me communiquez dans
» votre Lettre.

» Voici pour le module premier $n = 4p + 3$ les expressions que j'ai trou-
» vées alors pour la décomposition en n groupes du groupe dont toutes les
» substitutions sont données par la forme (1) où $ad - bc$ est résidu de n.

» Si g est une racine primitive de n, jouissant de cette propriété, que $g - 1$
» étant résidu de n, les puissances impaires $< n - 2$ de g vérifient la congruence

$$[g^2 x^2 - g(g + 1)x + 1][g^2 x^2 - (g + 1)x + 1] \equiv 0 \mod n$$

» (ce qui n'arrive que pour $n = 7, 11$), on aura, si l'on fait

$$\theta(k) \equiv g^{2\delta} \frac{k - g^{2\alpha+1}}{k - g^{2\alpha}}, \quad g^{2\delta+1} \frac{k - g^{2\alpha}}{k - g^{2\alpha+1}}, \quad g^{2\delta} k, \quad \frac{g^{2\delta+1}}{k},$$

» un groupe $[k, \theta(k)]$ de $\frac{(n+1)(n-1)}{2}$ substitutions de la forme (1) telles, » qu'en faisant sur ce groupe les substitutions $(k, k+i)$, on obtient n grou- » pes, dont l'ensemble est le groupe proposé.

» Or si $n = 7$ on a deux racines primitives $g = 3$, $g = 5$, $5 - 1$ est résidu » de 7 et les deux puissances impaires de 5 inférieures à 5, c'est-à-dire 5, » 5^3 vérifient la congruence

$$(2x^2 + 2x + 1)(4x^2 + x + 1) \equiv 0 \quad \text{mod } 7.$$

» Donc, lorsque $n = 7$, on a deux systèmes de valeurs pour $\theta(k)$, à » savoir :

$$\theta(k) \equiv a\frac{k-3b}{k-b}, \quad -a\frac{k-b}{k-3b}, \quad ak, \quad \frac{-a}{k}$$

» en prenant $g = 3$, et :

$$\vartheta(k) \equiv a\frac{k+2b}{k+b}, \quad -a\frac{k-b}{k-3b}, \quad ak, \quad \frac{-a}{k},$$

» en prenant $g = 5$, a et b désignant des résidus de 7.

» Si $n = 11$, on a quatre racines primitives : 2, 6, 7, 8 ; $2 - 1$ est résidu » de 11 et les puissances de 2, impaires et inférieures à 9, vérifient la con- » gruence

$$(4x^2 - 6x + 1)(4x^2 - 3x + 1) \equiv 0 \quad \text{mod } 11.$$

» De même, $6 - 1$ est résidu de 11 et les puissances de 6 impaires et infé- » rieures à 9 vérifient la congruence

$$(3x^2 + 2x + 1)(3x^2 + 4x + 1) \equiv 0 \quad \text{mod } 11.$$

» Or si l'on prend $g = 2$, a et b résidus de 11, on aura

$$\theta(k) \equiv a\frac{k-2b}{k-b}, \quad -a\frac{k-b}{k-2b}, \quad ak, \quad \frac{-a}{k},$$

» et si l'on prend $g = 6$

$$\vartheta(k) \equiv a\frac{k-6b}{k-b}, \quad -a\frac{k-b}{k-6b}, \quad ak, \quad \frac{-a}{k}.$$

» Les racines primitives 7 et 8 ne jouissent pas de la propriété de rendre » $g - 1$ résidu de 11, et la congruence lorsqu'on y fait $g = 7$, 8 n'est pas » satisfaite par les puissances de 7 et 8 impaires et inférieures à 9.

» Les substitutions $\theta(k)$, $\vartheta(k)$ jouissent de la propriété d'être à lettres
» conjointes, c'est-à-dire qu'en divisant les lettres en systèmes de deux let-
» tres chacune de la manière suivante :

$$v_0\, v_\infty,\quad v_{g^2}\, v_{g^3},\quad v_{g^4}\, v_{g^5},\ldots,\quad v_{g^{2\alpha}}\, v_{g^{2\alpha+1}},\ldots,$$

» toute substitution $\theta(k)$, $\vartheta(k)$, on échange entre elles les lettres d'un sys-
» tème, on change un système dans un autre.

» Dans le cas de $n=5$ j'avais obtenu des résultats semblables aux pré-
» cédents et formé un groupe de douze permutations en considérant les
» trois substitutions :

$$\theta(k) \equiv 4k,\quad \frac{1}{k},\quad 3\,\frac{k+1}{k-1},$$

» et celles qu'on en déduit en les composant entre elles...... »

» XV. C'est sous un point de vue bien différent que je vais maintenant traiter les mêmes questions. Ainsi laissant de côté toute considération relative aux décompositions de groupes, je définis à priori, pour $n=5$, 7, 11, les racines z des équations réduites du cinquième, du septième et du onzième degré, de cette manière, savoir :

$$n=5\quad z_i=(v_\infty-v_i)(v_{1+i}-v_{4+i})(v_{2+i}-v_{3+i}),$$
$$n=7\quad z_i=(v_\infty-v_i)(v_{1+i}-v_{5+i})(v_{2+i}-v_{3+i})(v_{4+i}-v_{6+i}),$$
$$n=11\quad z_i=(v_\infty-v_i)(v_{1+i}-v_{2+i})(v_{4+i}-v_{8+i})(v_{3+i}-v_{6+i})(v_{9+i}-v_{7+i})(v_{5+i}-v_{10+i}),$$

les indices i devant être pris respectivement suivant le module n. De la sorte on obtient trois systèmes de n fonctions rationnelles des racines v, et je vérifie que les quantités qu'ils comprennent ne font que s'échanger entre elles lorsqu'on fait respectivement ces substitutions :

$$n=5\quad \binom{v_k}{v_{4k}},$$
$$n=7\quad \binom{v_k}{v_{2k}},$$
$$n=11\quad \binom{v_k}{v_{4k}}.$$

Il en résulte, par des compositions successives, que ces systèmes demeurent invariables pour les substitutions $\binom{v_k}{v_{ak}}$, où a est un résidu quadratique quelconque de n. Maintenant il est visible qu'ils ne changent pas non plus lorsqu'on fait la substitution $\begin{pmatrix} \nu_k \\ \nu_{k+1} \end{pmatrix}$; et si l'on vérifie encore qu'il en est de même à l'égard de celle-ci $\begin{pmatrix} \nu_k \\ \nu_{-\frac{1}{k}} \end{pmatrix}$, on arrivera à cette conclusion qu'ils demeurent invariables pour toutes les substitutions où l'on met, au lieu de k, $\frac{ak+b}{ck+d}$, $ad-bc$ étant résidu de n. En effet, cette expression, dans toute sa généralité, s'obtient en composant entre elles celles que nous venons de considérer. Le théorème du § XIV suffit donc pour nous assurer que les équations réduites en z auront pour coefficients des fonctions rationnelles de u, où ne figureront d'irrationnelles, suivant les cas, que les radicaux $\sqrt{5}$, $\sqrt{-7}$, $\sqrt{-11}$.

» Si l'on cherche maintenant les substitutions spéciales $\begin{pmatrix} \nu_k \\ \nu_{\theta(k)} \end{pmatrix}$ qui laisseront invariable une seule des racines considérée isolément, z_0 par exemple, on trouvera aisément ces résultats, où a et b désignent des résidus quadratiques de n, savoir :

$$n=5 \qquad \theta(k) \equiv ak, \quad \frac{-a}{k}, \quad a\frac{k+b}{k-b}, \quad -a\frac{k-b}{k+b},$$

$$n=7 \qquad \theta(k) \equiv ak, \quad \frac{-a}{k}, \quad a\frac{k+2b}{k-b}, \quad -a\frac{k-b}{k+2b},$$

$$n=11 \qquad \theta(k) \equiv ak, \quad \frac{-a}{k}, \quad a\frac{k-2b}{k-b}, \quad -a\frac{k-b}{k-2b}.$$

Ce sont les expressions auxquelles M. Betti est arrivé par une autre voie, et qui forment en général $\frac{n^2-1}{2}$ substitutions conjuguées, de sorte que toutes les quantités $\frac{ak+b}{ck+d}$, où $ad-bc$ est résidu quadratique de n, peuvent être ainsi représentées :

$$\theta(k+i),$$

i étant un nombre entier pris suivant le module n.

» Enfin si l'on désigne par $z_{\varphi(i)}$ ce que devient z_i lorsqu'on effectue sur les racines ν les substitutions que nous avons considérées, on trouvera pour :

$$n=5 \qquad \varphi(i) \equiv ai+b \equiv \quad (ai+b)^3+c,$$

$$n=7 \qquad \varphi(i) \equiv ai+b \equiv -(ai+b)^5-2(ai+b)^2+c,$$

$$n=11 \qquad \varphi(i) \equiv ai+b \equiv \quad (ai+b)^9+3(ai+b)^4+c,$$

b et c étant des nombres entiers quelconques pris suivant le module n, et a étant résidu quadratique, ce qui représente en général $\frac{n(n^2-1)}{2}$ substitutions distinctes.

» Les équations du septième et du onzième degré présentant cette propriété que les fonctions non symétriques de leurs racines invariables par les substitutions ainsi définies ont une valeur rationnelle, constituent un ordre spécial d'irrationnalité qui les distingue nettement des équations les plus générales de ces degrés. Ce sont, suivant l'expression de M. Kronecker, des équations douées d'*affections*, et qu'il sera sans doute possible de ramener analytiquement à celles dont la théorie des fonctions analytiques a donné la première notion. Mais laissant de côté les belles et difficiles questions auxquelles conduit ce sujet, et que M. Kronecker a le premier abordées, je me bornerai à faire voir que $\left\{\begin{matrix} z_i \\ z_{\varphi i} \end{matrix}\right\}$ représente bien, en attribuant à la fonction φi toutes les valeurs, un système de substitutions conjuguées. Posons en effet pour un instant

$$\chi(i) \equiv -i^5 - 2i^2,$$

de sorte qu'on ait pour $n = 7$

$$\varphi(i) \equiv ai + b \equiv \chi(ai + b) + c,$$

on vérifie sans peine que

$$\left.\begin{aligned} a\chi(i) &\equiv \chi(a^2 i) \\ \chi[\chi(i)] &\equiv i \\ \chi[a\chi(i) + b] &\equiv 2ab^4\chi\left(i + \frac{2}{a^2 b}\right) + \text{const} \end{aligned}\right\} \bmod 7,$$

a étant supposé résidu de 7. Et faisant de même pour $n = 11$

$$\chi(i) \equiv i^9 + 3i^4,$$

on aura

$$\left.\begin{aligned} a\chi(i) &\equiv \chi(a^4 i) \\ \chi[\chi(i)] &\equiv i \\ \chi[a\chi(i) + b] &\equiv 9ab^8\chi\left(i + \frac{2}{a^4 b}\right) + \text{const} \end{aligned}\right\} \bmod 11,$$

a étant résidu de 11.

» Ainsi les fonctions $\chi(ai + b)$, comme les expressions plus simples $ai + b$, se reproduisent par la composition. De là résulte pour les nombres premiers $n=7$, 11, l'existence de fonctions de n lettres ayant $\frac{1.2.3\ldots n}{\frac{1}{2}n(n^2-1)}$, c'est-à-dire 30 et 60480 valeurs. Toutes deux ont été rencontrées par M. Kronecker, qui a le premier publié (*Comptes rendus des séances de l'Académie de Berlin*, 22 avril 1858) le cas des fonctions de sept lettres, et fait à l'égard de la représentation analytique des substitutions ici employée (*) une observation pleine de justesse, montrant de quelle manière deux expressions algébriquement différentes peuvent cependant ne représenter que la même substitution, et par là réduisant à un seul et même type deux systèmes que j'avais d'abord considérés comme distincts. (*Voyez* les *Annali di Matematica*, année 1859, n°s 1 et 2.)

» XVI. Le calcul des équations réduites en z pour les trois valeurs de n que nous avons à considérer repose sur deux remarques : que l'on peut y remplacer d'une part u par εu et z par $\varepsilon^{\frac{n(n+1)}{2}} z$, ε étant une racine huitième de l'unité; et de l'autre, u par $\frac{1}{u}$ et z par $\frac{z}{u^{n+1}}(-1)^{\frac{n^2-1}{8}+\frac{n+1}{2}}$. La première, jointe à cette observation que le développement des racines en fonction de q commence par $\left(\sqrt{2}\sqrt[8]{q^{\frac{1}{n}}}\right)^{\frac{n+1}{2}}$, prouve que les coefficients sont des polynômes en u^8 contenant en facteur une certaine puissance de u; ainsi ces équations sont composées de termes de cette forme :

$$z^{n-\nu}.\,u^{\alpha_\nu}(a+bu^8+cu^{16}+\ldots+hu^{8\rho_\nu}),$$

et l'exposant α_ν se détermine en prenant la valeur positive de $\nu\frac{n(n+1)}{2}$ (mod 8), qui est immédiatement supérieure à la quantité $\nu\frac{n+1}{2n}$. La seconde remarque montre que les polynômes $a+bu^8+cu^{16}+\ldots$ sont réciproques, mais à cet égard en distinguant des deux autres le cas de $n=11$, à cause du facteur $(-1)^{\frac{n^2-1}{8}+\frac{n+1}{2}}$, alors égal à -1. De là résulte en effet que les

(*) Les expressions dans le cas des substitutions de cinq lettres, savoir : z_i, z_{ai+b}, $z_{(ai+b)^2+c}$, ont été données avant moi par M. Betti, dans le tome II des *Annales de Tortolini*, p. 17. Pour le cas de sept lettres, voyez les *Annali di Matematica*, année 1859, n° 1.

polynômes facteurs des puissances paires de z ont leurs coefficients équidistants des extrêmes égaux et de signes contraires, tandis que ceux qui affectent les puissances impaires ont, comme pour $n=5$, 7, leurs coefficients égaux et de même signe. On en tire d'ailleurs, dans tous les cas, la valeur de ρ_ν sous cette forme :

$$\rho_\nu = \frac{(n+1)\nu - 2\alpha_\nu}{8},$$

et si l'on observe enfin, ce qui est très-facile à établir, que la quantité $1-u^8$ entre comme facteur dans le polynôme $a + bu^8 + cu^{16} + \ldots + hu^{8\rho_\nu}$ avec un exposant (*) dont la limite inférieure est $\frac{\nu}{2n}\left[n + \left(\frac{2}{n}\right)\right]$, on aura réuni tout ce qui est nécessaire pour pouvoir écrire à priori et sans calcul les équations réduites sous les formes suivantes, où D représente toujours le discriminant, savoir :

» 1°. $n = 5$.

$$z^5 + z\alpha u^4(1-u^8)^2 - \sqrt{D} = 0.$$

» Le terme en z^4 n'existe pas, parce qu'on obtient pour ρ_1 une valeur négative; les termes en z^3 et z^2 disparaissent parce que les coefficients doivent respectivement contenir en facteur $1-u^8$, $(1-u^8)^2$, ce qui est en contradiction avec les valeurs $\rho_2 = 0$, $\rho_3 = 1$.

» 2°. $n = 7$.

$$z^7 + z^4\alpha u^4(1-u^8)^2 + z^2\alpha' u^4(1-u^8)^4 + z\alpha'' u^8(1-u^8)^4 - \sqrt{D} = 0.$$

» On a à remarquer cette circonstance importante que le coefficient α' est nul, et qui tient à ce que dans le développement des racines suivant les puissances de $\sqrt[8]{q} = \mathfrak{q}$, savoir :

$$z = 4\sqrt{-7}\sqrt{\mathfrak{q}}\left(1 + \frac{\sqrt{-7}-1}{2}\mathfrak{q}^2 + \mathfrak{q}^4 + \ldots\right),$$

(*) Cet exposant est impair lorque $n = 11$ dans les coefficients des puissances paires de z; mais, ce cas excepté, il est toujours pair.

la quantité entre parenthèses ne contient pas la première puissance de q. De là sans doute résulte qu'on a ainsi le type analytique le plus simple des équations du septième degré résoluble par les fonctions elliptiques.

» 3°. $n = 11$.

» En désignant comme précédemment par α, β, etc., des constantes numériques, on a cette équation :

$$
\begin{aligned}
& z^{11} + z^{10}\alpha u^2(1-u^8) + z^9\alpha' u^4(1-u^8)^2 + z^8\alpha'' u^6(1-u^8)^3 \\
& + z^7 u^8(1-u^8)^2(\beta + \beta' u^8 + \beta u^{16}) + z^6 u^{10}(1-u^8)^3(\gamma + \gamma' u^8 + \gamma u^{16}) \\
& + z^5 u^4(1-u^8)^4(\delta + \delta' u^8 + \delta'' u^{16} + \delta' u^{24} + \delta u^{32}) \\
& + z^4 u^6(1+u^8)^5(\varepsilon + \varepsilon' u^8 + \varepsilon'' u^{16} + \varepsilon'' u^{24} + \varepsilon' u^{32} + \varepsilon u^{40}) \\
& + z^3 u^8(1-u^8)^4(\eta + \eta' u^8 + \eta'' u^{16} + \eta''' u^{24} + \eta'' u^{32} + \eta' u^{40} + \eta u^{48}) \\
& + z^2 u^{10}(1-u^8)^5(\zeta + \zeta' u^8 + \zeta'' u^{16} + \zeta''' u^{24} + \zeta'' u^{32} + \zeta' u^{40} + \zeta u^{48}) \\
& + z u^4(1-u^8)^6(\theta + \theta' u^8 + \theta'' u^{16} + \theta''' u^{24} + \theta'' u^{32} + \theta' u^{40} + \theta u^{48}) - \sqrt{D} = 0.
\end{aligned}
$$

Ces constantes pourront être déterminées en développant les coefficients suivant les puissances de q, et substituant pour z le développement correspondant suivant la puissance de $\sqrt[11]{q}$. Le calcul assez long auquel on est conduit n'est nullement impraticable ; je n'ai pas cru cependant devoir m'y arrêter, car le principal intérêt qu'on peut attacher au résultat concerne surtout l'étude des équations du onzième degré résoluble par les fonctions elliptiques. J'indique encore une fois, en terminant ici mes recherches, ces belles questions qui offriront une des plus importantes applications de la théorie fondée par Abel et Jacobi. Mais c'est surtout l'œuvre propre de l'immortel auteur des *Fundamenta* d'avoir reconnu ces rapports si remarquables des nouvelles transcendantes avec l'algèbre et les propriétés des nombres. Entre tant de beaux résultats dus à son génie, et qui ont ouvert des voies fécondes à la science de nos jours, je ne puis m'empêcher de rappeler dans les Notices des premiers volumes du Journal de Crelle les énoncés relatifs aux propriétés des équations entre le multiplicateur M et le module k. C'est là en effet que M. Kronecker a trouvé le principe de la belle méthode pour la résolution de l'équation du cinquième degré qui m'a été communiquée dans une Lettre publiée au tome XLVI, p. 1150, des *Comptes rendus*, et l'on pourra voir dans un travail très-important de M. Brioschi sur ce sujet (*) comment cette méthode résulte des relations singulières qu'a données Jacobi entre les racines de ces équations dans le cas du sixième degré. Les travaux de ces deux savants géomètres ont ainsi ouvert une voie plus facile pour arriver à la résolution de l'équation générale du cinquième degré que celle que j'avais suivie en prenant pour point de départ la reduction de Jerrard à la forme $x^5 - x - a = 0$, et c'est en suivant cette nouvelle direction que j'espère plus tard pouvoir y revenir pour contribuer à en faire l'étude approfondie qu'elle demande. »

(*) *Sul metodo di Kronecker per la rizoluzione delle equazioni di quinto grado*, dans les Actes de l'Institut Lombard, vol. Ier.

ERRATA.

Page 27, ligne 15, *au lieu de* $f^{12} - 10 f^6 + 5\psi^2 = \psi f^2$, *lisez* $f^{12} - 10\varphi f^6 + 5\varphi^2 = \psi f^2$.

Page 37, ligne 13, *au lieu de* $\left(\frac{2}{\delta}\right) = \left(\frac{2}{\delta'}\right)$, *lisez* $\left(\frac{2}{\delta}\right) = \left(\frac{2}{n\delta'}\right)$.

Page 45, ligne 15, *au lieu de* $x = -\frac{1}{2} + \frac{y+1}{2\sqrt{y}}$, *lisez* $x = \frac{1}{2} + \frac{y+\ldots}{4\ldots}$ [illegible]

Paris. — Imprimerie de Mallet-Bachelier, rue du Jardinet, 12.

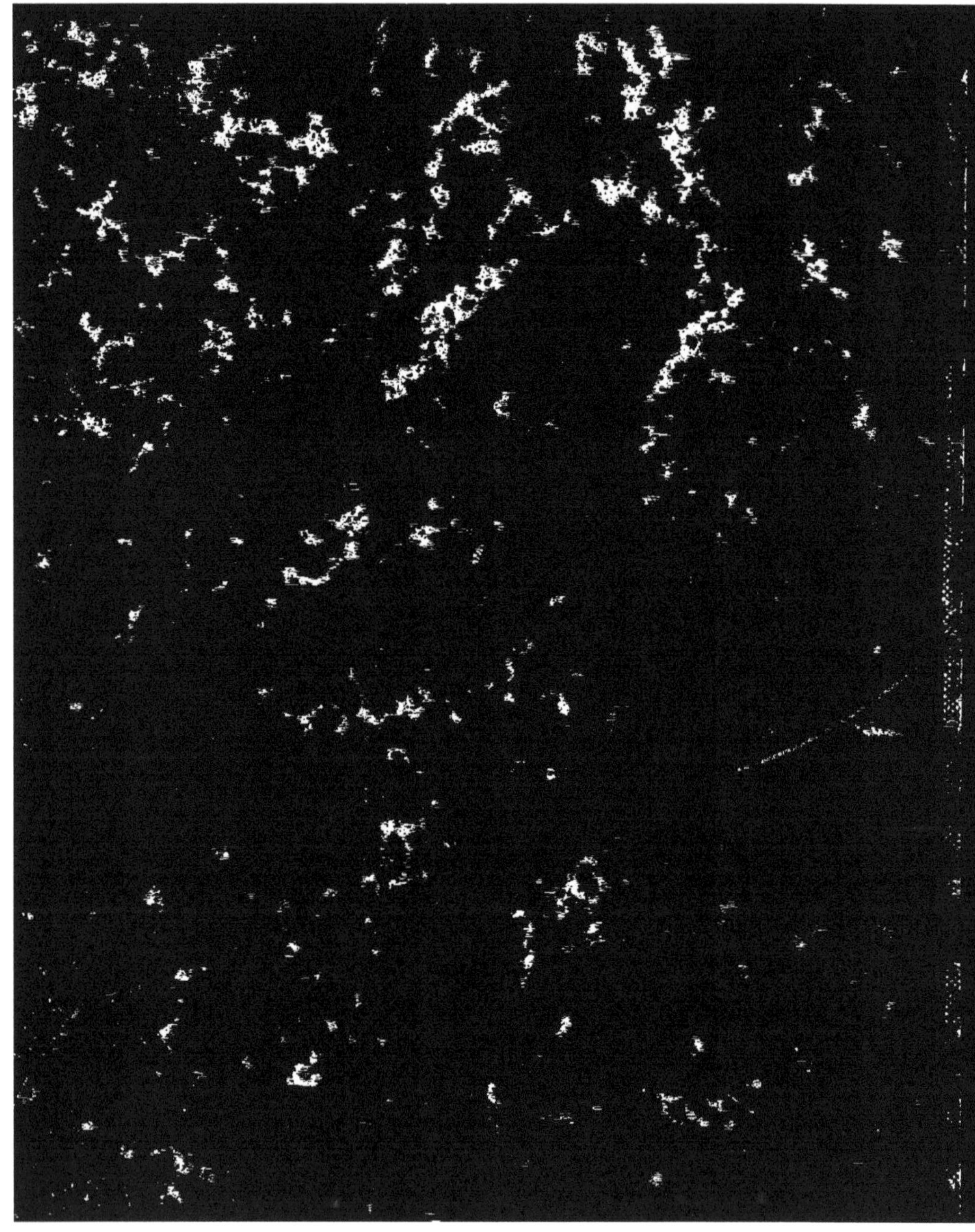

www.ingramcontent.com/pod-product-compliance
Ingram Content Group UK Ltd.
Pitfield, Milton Keynes, MK11 3LW, UK
UKHW012245240726
13966UKWH00004B/1306